KUNCHONGJI

昆虫记

[法] **法布尔** 著
彭惠群 译
张辛 主编

黄河出版传媒集团
阳 光 出 版 社

图书在版编目(CIP)数据

昆虫记 / (法) 法布尔著. -- 银川 : 阳光出版社,
2015.2 (2020.3重印)
(阳光阅读 / 张辛主编)
ISBN 978-7-5525-1722-4

Ⅰ. ①昆… Ⅱ. ①法… Ⅲ. ①昆虫学-儿童读物
Ⅳ. ①Q96-49

中国版本图书馆 CIP 数据核字(2015)第 042081 号

阳光阅读 · 昆虫记　　[法] 法布尔 著　彭惠群 译

责任编辑　林　薇
封面设计　天之赋设计室

黄河出版传媒集团
阳 光 出 版 社　出版发行

地　　址　宁夏银川市北京东路 139 号出版大厦(750001)
网　　址　http://www.ygchbs.com
网上书店　http://shop129132959.taobao.com
电子信箱　yangguangchubanshe@163.com
邮购电话　0951-5014139
经　　销　全国新华书店
印刷装订　三河市三佳印刷装订有限公司
印刷委托书号 (宁) 0015668

开本　880mm×1230mm　1/16
印张　14.5　　字数　220 千字
版次　2015 年 2 月第 1 版
印次　2020 年 3 月第 4 次印刷
书号　ISBN 978-7-5525-1722-4
定价　26.80 元

《阳光阅读》丛书著译者（部分）

叶圣陶 原名叶绍钧，现代著名作家、教育家、文学出版家和社会活动家，有“优秀的语言艺术家”之称。出版了童话集《古代英雄的石像》《稻草人》以及小说集《隔膜》《火灾》等。短篇小说《藕与莼菜》编入沪教版七年级语文教材。

冰　心 原名谢婉莹，是我国第一代儿童文学作家，著名的中国现代小说家、散文家、诗人、翻译家。著有小说集《超人》，诗集《春水》《繁星》，散文集《寄小读者》《再寄小读者》《三寄小读者》等。

艾　青 原名蒋正涵，中国现代诗人。1933年，第一次用艾青的笔名发表长诗。以后陆续出版诗集《大堰河》《火把》《向太阳》《在浪尖上》《光的赞歌》等。其诗作《我爱这土地》《大堰河——我的保姆》被选入中学语文教材。

林海音 原名林含英，中国现代著名女作家。《窃读记》被选为人教版义务教育教科书五年级语文上册第一单元第一课，《迟到》被选入北师大版五年级语文教材。

张天翼 中国现代著名作家。曾任中央文学讲习所副主任、中国文联委员、中国作协书记处书记、《人民文学》主编等职。代表作有童话《大林和小林》《宝葫芦的秘密》《秃秃大王》，小说《华威先生》《鬼土日记》等。

宋兆霖 中国作家协会会员，著名翻译家。译著长篇小说《赫索格》《奥吉·马奇历险记》《最后的莫希干人》《间谍》《双城记》《大卫·科波菲尔》《呼啸山庄》《简·爱》《鲁米诗选》等。

丛书特色

导语 富有启发性的引导语言，重在激发读者的阅读兴趣，带领读者自主阅读，用心感悟。

阅读提示 点评重要语句，挖掘原著内容，分析人物形象，品读精彩语言，全景展现阅读天地，快速提高阅读能力。

知识链接 对文中所涉及的生僻或难以理解的知识、概念或事件做简要介绍。

字词积累 解释生词、熟语等，为读者扫清阅读障碍。同时，帮助读者在具体语境中学习、积累词汇。

品读理解 对名作一个章节的整体结构、写作手法等进行分析，以便读者把握篇章主旨，理解文章内容，感悟艺术特色。

感悟思考 结合文章内容设计思考题，留给学生思考和想象的空间、主动学习的空间以及展示个性的空间。

写作借鉴 经典引路，启发学生收集写作的素材，告诉他们写什么、怎么写；指导学生锤词炼句、写景状物、布局谋篇。

考点集萃 对必须掌握的知识点、考点进行全方位梳理，特别增设了“走近作者”“故事梗概”“艺术魅力”“人物分析”“阅读指引”等板块，旨在让学生快速掌握考试要点。

真题模拟直击考点 精挑细选，五年升学考试真题、三年名校模拟试题与考题直接接轨，掌握解题思路与技巧。

读后感 紧扣名著精髓，精选读后感佳作，拓展发散性思维，发人之所未发，见人之所未见。

序

读书对一个人的成长有着非常重要的影响。很多杰出的人物在青少年时代都酷爱读书，以书为友，以读书为乐。毛泽东曾经说过："我一生最大的爱好就是读书。……饭可以一日不吃，觉可以一日不睡，书不可以一日不读。"苏联著名作家高尔基曾经说过："我扑在书上，就像饥饿的人扑在面包上。"

名著是人类文化的精华，更是书中的精品。阅读名著，如同与大师携手，可以增长见识，启迪智慧，提高语文能力和人文素养。为了让中小学生多读书、读好书，国家教育部于2017年9月开始要求全国中小学生陆续启用教育部统编语文教材。统编语文教材加强了中国优秀传统文化教育、革命传统教育及社会主义先进文化教育的内容，更加注重立德树人，鼓励学生通过大量阅读提升语文素养，涵养人文精神。我们出版的《阳光阅读》丛书是紧扣新课改宗旨，携手国内中小学语文教育专家精心打造的提高中小学生阅读水平的典范之作。

经典性　名著是不同国家、不同时代人类智慧的结晶与文明成果的标志，往往有着深刻的思想内涵和巨大的艺术魅力。本丛书所选的百部中外名著，大都是经过历史长河淘洗过的经典作品，能为中小学生的健康成长打好精神基础，为他们提供精神营养，使他们终身受益。

权威性　我们对所选的百部中外名著，根据语文教材的阅读方法进行了全方位解读。

在内容的编写上，每本书增加了简明实用的“阅读指南”和“感悟思考”。

阅读指南　通过对作品进行全面的介绍，让孩子在阅读时更轻松。我们希望一方面能为广大青少年打开一扇认识和了解名著的大门，激发他们热爱名著、阅读名著的兴趣，另一方面能为他们欣赏和阅读名著提供一些方法上的指导。

感悟思考　丛书中经过精心编写的思考题，有的侧重于思想内涵的理解，有的侧重于艺术表现方法的探究，有的侧重于结合现实，深入理解名著的文化意义。学生带着问题阅读，通过独立思考，在读完全书后得出自己的结论。这样，阅读名著就会收到事半功倍的效果。

我们相信，《阳光阅读》丛书一定能够成为中小学生的良师益友，成为中小学生家庭的必备藏书。

《阳光阅读》丛书编委会

目录
CONTENTS

考点集萃

第一章　我的荒石园［精读］

名师导读

在我们开始昆虫之旅之前，让我们走进法布尔的荒石园仔细看一看。先来了解一下，法布尔是如何和昆虫交上朋友的。

在我很小很小的时候，就喜欢亲近大自然。如果你认为我的这种喜欢观察植物和昆虫的性格是从我的祖先那里遗传下来的，那简直是开玩笑，因为，我的祖先们都是没有受过教育的乡下人，唯一知道和关心的，就是他们自己养的牛和羊。在我的祖父辈之中，只有一个人粗通些文墨。至于如果要说到我曾经受过什么专门的训练，那就更谈不上了，从小就没有老师教过我，更没有指导者，而且也常常没有什么书可看。不过，我只是朝着我眼前的一个目标不停地走，这个目标就是有朝一日在昆虫的历史上，多少加上几页我对昆虫的见解。

很多年以前，那时我还是一个不懂事的小孩子，刚刚学会认字母，然而，对于当时自己那种初次学习的勇气和决心，至今都感到非常骄傲。

名师点评

我的点评

名师点评

写作借鉴

采取插叙的手法，追忆往事，交代作者爱观察昆虫的缘由，使得文章情节完整，内容丰富。

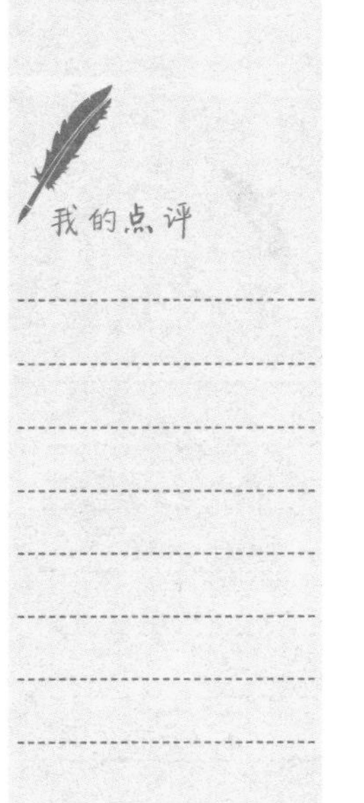

我记得很清楚的是我第一次去寻找鸟巢和第一次去采集野菌的情景，当时那种高兴的心情令我直到今天还难以忘怀。记得有一天，我去攀登离我家很近的一座山。在山顶上，有一片很早就引起我浓厚兴趣的树林，从我家的小窗子里看出去，可以看见这些树木朝天立着，顶风雨，傲霜雪，生机盎然。我很早就想能有机会跑到这些树林那儿去看一看了。这一次爬山，爬了好长的时间，而我的腿又很短，所以爬的速度十分缓慢，草坡十分陡峭，就跟屋顶一样。

忽然，在我的脚下，我发现了一只十分可爱的小鸟。我猜想这只小鸟一定是从它藏身的大石头上飞下来的。不到一会儿工夫，我就发现了这只小鸟的巢。这个鸟巢是用干草和羽毛做成的，而且里面还排列着六个蛋。这些蛋具有美丽的纯蓝色光泽，而且十分光亮，这是我第一次找到鸟巢，也是第一次小鸟们带给我许多快乐。我简直高兴极了，于是我伏在草地上，十分认真地观察它。

这时候，母鸟十分焦急地在石上飞来飞去，而且还“塔克！塔克！”地叫着，表现出十分不安的样子。我当时年龄还太小，甚至还不能懂得它为什么那么痛苦，当时我心里想出了一个计划，我首先带回去一只蓝色的蛋，作为纪念品。然后，过两星期后再来，趁着这些小鸟还不能飞的时候，将它们拿走。我还算幸运，当我把蓝鸟蛋放在青苔上，小心翼翼地走回家时，恰巧遇见了

一位牧师。

他说：“呵！一个萨克锡柯拉的蛋！你是从哪里捡到这只蛋的？”

我告诉他前前后后捡蛋的经历，并且说：“我打算再回去拿走其余的蛋，不过要等到当新生的小鸟们刚长出羽毛的时候。”

“哎，不许你那样做！”牧师叫了起来，“你不可以那么残忍，去抢那可怜母鸟的孩子。现在你要做一个好孩子，答应我从此以后再也不要碰那个鸟巢。”

从这一番谈话当中，我懂得了两件事。第一件，偷鸟蛋是件残忍的事；第二件，鸟兽同人类一样，它们各自都有各自的名字。

于是我问自己道：“在树林里的，在草原上的，我的许多朋友，它们都叫什么名字呢？萨克锡柯拉的意思是什么呢？”

几年以后，我才晓得萨克锡柯拉的意思是岩石中的居住者，那种下蓝色蛋的鸟是一种被称为石鸟的鸟。

而第一次去采集野菌则是在一片树林里。有一条小河沿着我们的村子旁边悄悄地流过，这片树林就在河的对岸，树林中全是光滑笔直的树木，就像高高耸立的柱子一般，而且地上铺满了青苔。

在这片树林里，我第一次采集到了野菌。这野菌的形状，猛一眼看上去，就好像是母鸡生在青苔上的蛋一样。还有许多别的种类的野菌，形状不一，颜色也各不

名师点评

阅读提示

牧师的话教会了小法布尔尊重和爱护小动物，也正是一颗博爱的心支撑和激励作者四十年如一日地观察、研究昆虫世界。

我的点评

名师点评

写作借鉴

生动的比喻，栩栩如生地描绘出了野菌的形状，给人以身临其境之感；排比修辞的运用，则增强了表达的效果，突出了野菌种类之多。比喻、排比的综合运用，使得文章清新活泼。

阅读提示

从这一句中可以看出作者严谨的科学态度，他善于从失败和过失中汲取经验和教训。

相同：有的形状长得像小铃儿；有的形状长得像灯泡；有的形状像茶杯；还有些是破的，它们会流出像牛奶一样的泪；有些当我踩到它们的时候，就变成湛蓝的颜色了。其中，有一种最稀奇的，长得像梨一样，它们顶上有一个圆孔，大概是一种烟筒吧。我用指头在下面一戳，就会有一簇烟从烟筒里面喷出来。我把它们装了好大一袋子，等到心情好的时候，就把它们弄得冒烟，直到后来它们缩成一种像火绒一样的东西为止。

在这以后，我又好几次回到这片有趣的树林。我在乌鸦堆里，研究真菌学的初步功课，通过这种采集所得到的一切，是待在房子里不可能获得的。

在这种一边观察自然与一边做实验的方法相结合的情况之下，我的所有功课，除两门课，差不多都学过了。我从别人那里，只学过两种科学性质的功课，而且在我的一生中，也只有这两种：一种是解剖学，一种是化学。解剖学时间很短，但是能学到很多东西。化学运气就比较差了。在一次实验中，玻璃瓶爆炸，使多数同学受了伤。后来，我重新回到这间教室时，已经不是学生而是教师了，墙上的斑点却还留在那里。这一次，我至少学到了一件事，就是以后我每做一种实验，总是让我的学生们离远一点儿。

我最大的愿望，就是在野外建立一个试验室。当时我还处在为每天的面包而发愁的生活状况下，这真是一件不容易办到的事情！我几乎四十年来都有这种梦想，想拥有一块小小的土地，把土地的四面围起来，让它成为我私人所有的土地；寂寞、荒凉、阳光照射、长满荆草，这些都是黄蜂和蜜蜂很喜欢的环境。在这里，没有烦恼，我可以与我的朋友们，如猎蜂手，用一种难解的语言相互问答，这当中就包含了不少观察与实验呢。

在这里，也没有长长的旅行，不至于白白浪费了时间与精力，这样我就可以时时留心我的昆虫们了！

最后，我实现了我的愿望。在一个小村落的幽静之处，我得到了一小块土地。这是一块荒石园，这个名字是给我们洽布罗温司的一块不能耕种。并且有许多石子的地方起的。那里除了一些百里香，很少有植物能够生长起来。如果花费工夫耕耘，是可以长出东西的，可是实在又不值得。不过到了春天会有些羊群从那里走过，如果碰巧当时下点雨，也是可以生长一些小草的。

然而，我自己专有的荒石园，却有一些掺着石子的红土，并且曾经被人粗粗地耕种过了。有人告诉我说，在这块地上生长过葡萄树，于是我心里真有几分懊恼，因为原来的植物已经被人用二脚叉弄掉了，现在已经没有百里香了。百里香对于我也许有用，因为可以用来做黄蜂和蜜蜂的猎场，所以我只好又把它们重新种植起来。

这里长满了偃卧草、刺桐花，以及西班牙的牡莉植物——那是长满了橙黄色的花，并且有硬爪般的花序的

名师点评

阅读提示

法布尔对昆虫的痴迷和对事业的执着可见一斑。

我的点评

名师点评

我的点评

植物。在这些上面，盖着一层伊利里亚的棉蓟，它那高耸直立的树枝干，有时长到六尺高，而且末梢还长着大大的粉红球，还带有小刺，真是武装齐备，使得采集植物的人不知应从哪里下手摘取才好。在它们当中，有穗形的矢车菊，长了好长一排钩子，悬钩子的嫩芽爬到了地上。假使你不穿上高筒皮鞋，就来到有这么多刺的树林里，你就要因为你的粗心而受到惩罚了。

这就是我四十年来拼命奋斗得来的属于我的乐园啊！

在我的这个稀奇而又冷清的王国里，是无数蜜蜂和黄蜂的快乐的猎场，我从来没有在单独的一块地方，看见过这么多的昆虫。各种生意都以这块地为中心，来了猎取各种野味的猎人、泥土匠、纺织工人、切叶者、纸板制造者，同时也有石膏工人在拌和泥灰，木匠在钻木头，矿工在掘地下隧道，以及牛的大肠膜（用来隔开金箔）工人，各种各样的人都有。

写作借鉴

拟人的手法，风趣的语言，读来令人忍俊不禁，也让人深深感受到作者对昆虫的尊重和热爱。

快看啊！这里有一种会缝纫的蜜蜂。它剥下开有黄花底的刺桐的网状线，采集了一团填充的东西，很骄傲地用它的腮（即颚）带走了。它准备到地下，用采来的这团东西储藏蜜和卵。那里是一群切叶蜂，在它们的身躯下面，带着黑色的，白色的，或者血红色的，切割用的毛刷，它们打算到邻近的小树林中，把树叶子割成圆形的小片用来包裹它们的收获品。这里又是一群穿着黑丝绒衣的泥水匠蜂，它们是做水泥与沙石工作的。在我

的荒石园里，我们很容易在石头上发现它们工作用的工具。另外，还有一种野蜂，它把窝巢藏在空蜗牛壳的盘梯里。还有一种，把它的蛴螬安置在干燥的悬钩子的秆子的木髓里。第三种，利用干芦苇的沟道做它的家。至于第四种，住在泥水匠蜂的空隧道中，而且连租金都用不着付。还有的蜜蜂生着角，有些蜜蜂后腿头上长着刷子，这些都是用来收割的。

我的荒石园的墙壁建筑好了，到处可以看到成堆成堆的石子和细沙，这些全是建筑工人们堆弃下来的，并且不久就被各种住户给霸占了。泥水匠蜂选了个石头的缝隙，用来做它们睡眠的地方。若是有凶悍的蜥蜴，一不小心压到它们的时候，它们就会去攻击人和狗。它们挑选了一个洞穴，伏在那里等待路过的蜣螂。黑耳毛的鹈鸟，穿着白黑相间的衣裳，看上去好像是黑衣僧，坐在石头顶上唱简单的歌曲。那些藏有天蓝色的小蛋的鸟巢，要在石堆的什么地方才能找到呢？当石头被人搬动的时候，在石头里面生活的那些小黑衣僧自然也一块儿被移动了。我对这些小黑衣僧感到十分惋惜，因为它们是很可爱的小邻居。至于那个蜥蜴，我可不觉得它可爱，所以对于它的离开，我心里没有丝毫的惋惜之情。

在沙土堆里，还隐藏了掘地蜂和猎蜂的群落，令我感到遗憾的是，这些可怜的无辜的掘地蜂和猎蜂们后来被建筑工人无情地给驱逐走了。但是仍然还有一些猎户们留着，它们成天忙忙碌碌，寻找小毛虫。还有一种长

名师点评

我的点评

写作借鉴

“霸占”“攻击”“伏”“坐”等动词的运用，准确生动地描摹出了各种昆虫的习性，富有意趣。

阅读提示

对笔下的昆虫，作者充满深情，而又爱憎分明。

名师点评

我的点评

得很大的黄蜂，竟然胆大包天地敢去捕捉毒蜘蛛。在荒石园的泥土里，有许多这种相当厉害的蜘蛛居住着。而且你可以看到，还有强悍勇猛的蚂蚁，它们派遣出一个兵营的力量，排着长长的队伍，向战场出发，去猎取它们强大的俘虏。

此外，在屋子附近的树林里面，住满了各种鸟雀。它们之中有的是唱歌鸟，有的是绿莺，有的是麻雀，还有猫头鹰。在这片树林里有一个小池塘，池中住满了青蛙，五月份到来的时候，它们就组成震耳欲聋的乐队。在居民之中，最最勇敢的要数黄蜂了，它竟不经允许地霸占了我的屋子。在我的屋子门口，还居住着白腰蜂。每次当我要走进屋子里的时候，我必须十分小心，不然就会踩到它们，破坏了它们开矿的工作。在关闭的窗户里，泥水匠蜂在软沙石的墙上建筑土巢。我在窗户的木框上一不小心留下的小孔，被它们利用来做门户。在百叶窗的边线上，少数几只迷了路的泥水匠蜂建筑起了蜂巢。午饭时候一到，这些黄蜂就翩然来访，它们的目的，当然是想看看我的葡萄成熟了没有。

这些昆虫全都是我的伙伴，我的亲爱的小动物们，我从前和现在所熟识的朋友们，它们全都住在这里，它们每天打猎，建筑窝巢，以及养活它们的家族。荒石园是我钟情的宝地。

阅读提示

荒石园因为有了这些昆虫而极富生趣，作者将它们视为朋友，体现出作者对它们的喜爱与尊重，为全书营造出一种温馨、友爱的氛围。

品读·理解

这是《昆虫记》这部巨著的开篇。在文中，作者简要回忆了自己钟情大自然、喜欢观察昆虫世界的性格，相当于自我介绍和全书的引子。文中提到的荒石园是法布尔1880年用积攒下的钱所购的一所老旧民宅。他在这里观察、记录虫子的生活，完全沉浸在科学的乐趣中。他把劳动成果写进一卷又一卷的《昆虫记》中。可以说，是“荒石园”孕育了《昆虫记》，也成就了法布尔这位伟大的作家。

感悟·思考

1.作者小时候在捡鸟蛋回家路上遇到牧师，牧师的一番话使他明白了两件事，这两件事是什么？

2.荒石园里有哪些可爱的昆虫？

3.文中使用了大量的比喻和拟人修辞，请分别找出一例。

第二章　神秘的池塘［精读］

名师导读

乍一看，这是一个停滞不动的池塘，可是在阳光的孕育下，它却犹如一个辽阔神秘而又丰富多彩的世界。它究竟是怎样打动和引发法布尔的好奇心的呢？

名师点评

我的点评

写作借鉴

比拟手法和生动轻快的语言把小昆虫们写得活灵活现，惹人喜爱。

我喜爱池塘，当我凝视着它的时候，从来都不觉得厌倦。在这个绿色的小小世界里，不知道生活着多少小生命。

在充满泥泞的池边，随处可见一堆堆黑色的小蝌蚪在温暖的池水中嬉戏着，追逐着；红肚皮的蝾螈也把它的宽尾巴像舵一样地摇摆着，并缓缓地前进；在那芦苇草丛中，我们还可以找到一群群石蚕的幼虫，它们各自将身体隐匿在一个枯枝做的小鞘中——这个小鞘是用来作防御天敌和各种各样意想不到的灾难用的。

在池塘的深处，水甲虫在活泼地跳跃着，它的前翅的尖端带着一个气泡，这个气泡是帮助它呼吸用的。它的胸下有一片胸翼，在阳光下闪闪发光，像佩戴在一个威武的大将军胸前的一块闪着银光的胸甲。在水面上，我们可以看到一堆闪着亮光的蚌蛛在打着转，欢快地扭动着，不

对，那不是蚌蛛，其实那是豉虫们在开舞会呢！离这儿不远的地方，有一队池鳐正在向这边游来，它们的泳姿矫健而娴熟，就像裁缝运用手中的缝针一样。

在这个地方你还会见到水蝎，只见它交叉着两肢，在水面上悠闲地做出一副仰泳的姿势，那神态，仿佛它是天底下最伟大的游泳好手。还有那蜻蜓的幼虫，穿着沾满泥巴的外套，身体的后部有一个漏斗，每当它以极高的速度把漏斗里的水挤压出来的时候，借着水的反作用力，它的身体就会以同样的高速冲向前方。

在池塘的底下，躺着许多沉静又稳重的贝壳动物。有时候，小小的田螺们会沿着池底轻轻地、缓缓地爬到岸边，小心翼翼地慢慢张开它们沉沉的盖子，眨巴着眼睛，好奇地展望这个美丽的水中乐园，同时又尽情地呼吸一些陆上空气；水蛭们伏在它们的征服物上，不停地扭动着它们的身躯，一副得意扬扬的样子；成千上万的孑（jié）孓（jué）在水中有节奏地一扭一曲，不久的将来它们会变成蚊子，成为人人喊打的坏蛋。

乍一看，这是一个停滞不动的池塘，虽然它的直径不超过几尺，可是在阳光的孕育下，它却犹如一个辽阔神秘而又丰富多彩的世界。它多能打动和引发一个孩子的好奇心啊！让我来告诉你，在我记忆中的第一个池塘怎样深深地吸引了我，激发起我的好奇心。

我小的时候，家里很穷。除了我妈妈继承的一所房子和一块小小的荒芜的园子之外，几乎什么也没有了。

名师点评

阅读提示

比喻修辞与幽默的语言，将水蝎在水中的状态描写得生动形象，没有细致的观察是很难写出来的。

我的点评

写作借鉴

以抒情性笔法总结上文，同时设置悬念以引起下文，充分激发读者的阅读兴趣。

名师点评

我的点评

“我们将怎么生活下去呢？”这个严重的问题，常常会挂在我爸爸妈妈的嘴边。

你听说过“大拇指”的故事吗？那个大拇指藏在他父亲的矮凳子下，偷听他父亲和母亲关于生活窘迫的一段对话。我就很像那个大拇指。但是我没有像他那样，可以藏在凳子底下，我是伏在桌子上一面假装睡着了，一面偷听他们的谈话。幸运的是，我所听到的，并不是像大拇指的父亲所说的那种使人心寒的话，相反地，那是一个美妙的计划。我听了以后，心中涌起一阵难以形容的快乐和欣慰。

“如果我们来养一群小鸭，”妈妈说，“将来一定可以换得不少钱。我们可以买些幼仔回来，让亨利天天照料它们，把它们喂得肥肥的。”

“太好了！”父亲高兴地说道，“让我们来试试吧。”

那天晚上，我做了一个美妙的梦。我和一群可爱的小鸭子们一起漫步到池畔，它们都穿着鲜黄色的衣裳，活泼地在水中打闹、洗澡。我在旁边微笑地看着它们洗澡，耐心地等它们洗痛快，然后带着它们慢悠悠地走回家。半路上，我发现其中一只小鸭累了，就小心翼翼地把它捧起来放在篮子里面，让它甜甜地睡觉。

没想到就在两个月之后，我的美梦就实现了：我们家里养了二十四只毛茸茸的小鸭子。鸭子自己不会孵蛋，常常由母鸡来孵。可怜的老母鸡分不出孵的是自己的亲骨肉还是别家的野孩子，只要是那圆溜溜和鸡蛋差不多样子的

阅读提示

老母鸡替别人孵孩子这一生活中常见的事，在作者笔下被描摹得颇富意趣，给人以诙谐和愉悦之感。

名师点评

蛋，它都很乐意去孵，并把孵出来的小生物当作自己的亲生孩子来对待。负责孵育我们家的小鸭的是两只黑母鸡，其中一只是我们自己家的，而另一只是向邻居借来的。

我的点评

我们家的那只黑母鸡，每天陪着小鸭们玩，不厌其烦地和它们做游戏，让它们快乐健康地长大。我往一只木桶里盛大约有两寸高的水，这个木桶就成了小鸭们的游泳池。只要是晴朗的日子，小鸭们总是一边沐浴着温暖的阳光，一边在木桶里洗澡嬉戏，显得无比美满、和谐和舒适，令旁边的黑母鸡羡慕不已。

两个星期以后，这只小小的木桶不能满足小鸭们的要求了。它们需要大量的水，这样它们才能在里面自由自在地翻身跳跃，它们还需要许多小虾米、小螃蟹、小虫子之类作为食物，而这些食物通常大量地藏在互相缠绕的水草中，等候着它们自己去猎取。现在我感觉到取水是个大问题。因为我们家住在山上，而从山脚下带大量的水上来是非常困难的。尤其是在夏天，我们自己都不能痛快地喝水，哪里还顾得了那些小鸭呢。

我的点评

虽然在我们家附近也有一口井，可那是一口半枯的井，每天要供四五家邻居轮流使用，还有学校里的校长先生养的那头驴子，它总是贪得无厌地对着那井水大口大口地喝，那口井很快就被喝干了。直到整整一昼夜之后，才看见有井水渐渐地升起来，恢复到原来的样子。在这么艰难的水荒中，我们可怜的小鸭子自然就没有自由嬉水的份了。

名师点评

我的点评

不过，在那山脚下，有一条潺潺的小溪。那倒是小鸭们的天然乐园。可是从我们家到那小溪，必须穿过一条村里的小路，只是我们不能走那条小路，因为在那条路上我们很可能会碰到几只凶恶的猫和狗，它们会毫不犹豫地冲散小鸭们的队伍，使我没法把它们重新聚拢在一起。于是，我只得另谋出路。我想起在离山不远的地方，有一块很大的草地和一个不小的池塘。那是一个很荒凉很偏僻的地方，没有什么猫狗的打扰，的确可以成为小鸭们的乐园。

我第一天做牧童，心中又快活又自在。不过有件事很令我难受，那就是赤裸裸的双脚，渐渐地起泡了。因为跑了太多的路，我又不能把箱子里那双鞋子拿出来穿。那双宝贵的鞋子只有在过节的时候才能穿。我赤裸的脚不停地在乱石杂草中奔跑，伤口越来越大了。

阅读提示

简单几句话，写出了幼年时法布尔家境的贫困。平时，法布尔连鞋子都没得穿，但与沉浸在大自然和昆虫世界中的快乐相比，这又算得了什么呢！

小鸭们的脚似乎也受不了这么折腾，因为它们的蹼还没有完全长成，还远不够坚硬。当它们走在这么崎岖的山路上时，不时地发出“嘎嘎——”的叫声，似乎是在请求我允许它们休息一下。每当这个时候，我也只得满足它们的要求，招呼它们在树荫下歇歇脚，否则，恐怕它们再也没有力气走完剩下的路了。

我们终于到达了目的地。那池水浅浅的，温温的，水中露出的土丘就好像是一个个小小的岛屿。小鸭们一到那儿就飞奔过去忙碌地在岸上寻找食物。吃饱喝足后，它们会下到水里去洗澡。洗澡的时候，它们常常会把身体倒竖起来，前身埋在水里，尾巴指向空中，仿佛

名师点评

在跳水中芭蕾。我美滋滋地欣赏着小鸭们优美的动作，看累了，就看看水中别的景物。

那是什么？在泥土上，我看到有几段互相缠绕着的绳子又粗又松，黑沉沉的，像熏满了烟灰。如果你看到它，可能会以为它是从什么袜子上拆下来的绒线。于是我想：可能是哪位牧羊女在水边编一只黑色的绒线袜子，突然发现某些地方漏了几针，不能往下编了，埋怨了一阵子后，就决心全部拆掉，重新开始，而在她拆得不耐烦的时候，就索性把这编坏的部分全丢在水里。这个推测看起来合情合理。

我的点评

我走过去，想拾一段放到手掌里仔细观察，没想到这玩意儿又黏又滑，一下子就从我的手指缝里滑走了。我花费了好大的劲儿，就是捉不住它，并且有几段绳子的结突然散了，从里面跑出一颗颗小珠子，只有针尖般大小，后面拖着一条扁平的尾巴，我一下子认出它们了，那是我所熟悉的一种动物的幼虫。它就是青蛙的幼虫——蝌蚪。

我的点评

在这里我还看到了许多别的生物。其中有一种不停地在水面上打旋，它的黑色的背部在阳光下发着亮光。每当我伸手去捉它们的时候，它们似乎早就预料到危险来临似的，不等我碰它们，就逃得无影无踪了。我本想捉几个放到碗里面仔细研究，可惜就是捉不到它们。

看啦！在那池水深处，有一团绿绿的、浓浓的水草，我轻轻拨开一束水草，看到立刻有许多水珠争先恐后地浮到水面聚成一个大大的水泡。我想，在这厚厚的

名师点评

我的点评

阅读提示

优美的文字，丰富的想象力，真诚的爱心，读来引人入胜。

我的点评

水草底下一定藏着什么奇怪的生物。我继续往下探索，看到了许多贝壳像豆子一样扁平，周围冒着几个涡圈；有一种小虫看上去像戴了羽毛；还有一种小生物舞动着柔软的鳍片，像穿着华丽的裙子在跳舞。我也不知道它们为什么这样不停地游来游去，也不晓得它们叫什么，我只能出神地对着这个神秘、玄妙的水池，浮想联翩。

池水通过小小的渠道缓缓地流入附近的田地，那儿长着几棵赤杨，我又在那儿发现了美丽的生物，那是一只甲虫，像核桃那么大，身上带着一些蓝色。那蓝色是如此的赏心悦目，使我联想起了那天堂里美丽的天使，她的衣服一定也是这种美丽的蓝色。我怀着虔诚的心情轻轻地捉起它，把它放进了一个空的蜗牛壳，用叶子把它塞好。我要把它带回家中，细细欣赏一番。

接着，我的注意力又被别的东西吸引住了。清澈又凉爽的泉水源源不断地从岩石上流下来，不停地滋润着这个池塘。泉水先流到一个小小的潭里，然后汇成一条小溪。我看着看着就突发奇想，觉得这样让溪水默默地流过就太可惜了。可以把它看作一个小小的瀑布，去推动一个磨。于是，我就开始着手做一个小磨。我用稻草做成轴，用两个小石块支着它，不一会儿就完工了。这个磨子做得很成功，只可惜当时没有小伙伴和我一起玩，只有几只小鸭来欣赏我的杰作。

这个小小的成功大大地激发了我的创造欲望，一发不可收拾。我又计划筑一个小水坝，那里有许多乱石可以利用，我耐心地挑选着可以用来筑坝的石块，挑着挑着，忽然发现了一个奇迹，它使我再也无心去继续建造水坝了。

当我打开一块大石头时，发现一个小拳头那么大的窟窿，从窟窿里面发出一簇簇光环，好像是一簇簇钻石的小面在阳光照耀下闪着耀眼的光，又好像是教堂里彩灯上垂下来的一串串晶莹剔透的珠子。

多么灿烂而美丽的东西啊！它使我想起孩子们躺在打禾场的干草上所讲的神龙传奇的故事。神龙是地下宝库的守护者，它们守护着不计其数的奇珍异宝。现在在我眼前闪光的这些东西，会不会就是神话中所说的皇冠和首饰呢？难道它们就是蕴藏在这些砖石中吗？在这些破碎的砖石中，我可以搜集到许多发光的碎石，这些都是神龙赐给我的珍宝啊！我仿佛觉得神龙在召唤我，要给我数不清的金子。在潺潺的泉水下，我看见许多金色的颗粒，它们都黏在一片细砂上。我俯下身子仔细观察，发现这些金粒在阳光下随着泉水打着转，这真是金子吗？真是那可以用来制造二十法郎金币的金子吗？对一个贫穷的家庭来说，这金币是多么宝贵啊！

我轻轻地捡起一些细砂，放在手掌中。这发光的金粒数量很多，但是颗粒却很小，得把麦秆用唾沫浸湿了，才能用来粘住它们。我不得不放弃这项麻烦的工作。我想一定有一大块一大块的金子深藏在山石中，可以等到以后我来把山炸毁了再说，这些小金粒太微不足道了，我才不去捡它们呢！

名师点评

我的点评

写作借鉴

本段语句优美，情感饱满，一连串的问句充分展示了作者美好而奇异的想象力。

我的点评

名师点评

我的点评

我继续把砖石打碎，看看里面还有什么，可是这下我看到的不是珠宝，我看到有一条小虫从碎片里爬出来，它的身体是螺旋形的，带着一节一节的疤痕，像一只蜗牛在雨天的古墙里蜿蜒着爬到墙外，那有节疤的地方显得格外沧桑和强壮。我不知道它们是怎样钻进这些砖石内部的，也不知道它们钻进去干吗。

为了纪念我发现的宝藏，再加上好奇心的驱使，我把砖石装在口袋里，塞得满满的。这时候，天快黑了，小鸭们也吃饱了，于是我对它们说："来，跟着我，我们得回家了。"

我的脑海里装满了幻想，脚跟的疼痛早已忘记了。

在回去的路上，我尽情地想着我的蓝衣甲虫，像蜗牛一样的甲虫，还有那些神龙所赐的宝物。可是一踏进家门，我就回过神来，父母的反应令我一下子很失望。他们看见了我那膨胀的衣袋里面尽是一些没有用处的砖石，我的衣服也快被砖石撑破了。

阅读提示

父亲的责骂使文章顿起波澜，与前文的欢快形成强烈对比，不由得引起读者的担心。

"小鬼，我叫你看鸭子，你却自顾自地去玩耍，你捡那么多砖石回来，是不是还嫌我们家周围的石头不够多啊？赶紧把这些东西扔出去！"父亲冲着我吼道。

我只好遵照父亲的命令，把我的那些珍宝、金粒、羊角的化石和天蓝色的甲虫统统抛在门外的废石堆里，母亲看着我，无奈地叹了口气。

"孩子，你真让我为难。如果你带些青菜回来，我倒也不会责备你，那些东西至少可以喂喂兔子，可这种碎石，只

会把你的衣服撑破，这种毒虫只会把你的手刺伤，它们究竟能给你什么好处呢？蠢货！准是什么东西把你迷住了！”

可怜的母亲，她说得不错，的确有一种东西把我迷住了——那是大自然的魔力。几年后，我知道了那个池塘边的“钻石”其实是岩石的晶体；所谓的“金粒”，原来也不过是云母而已，它们并不是什么神龙赐给我的宝物。尽管如此，对于我，那个池塘始终保持着它的诱惑力，因为它充满了神秘，那些东西在我看来，其魅力远胜于钻石和黄金。

名师点评

阅读提示

总结并呼应上文，充分表达了作者对大自然的热爱！

● 玻璃池塘

你有一处建在房子里面的小池塘吗？在那个小池塘里，你可以随时观察水中生物生活的每一个片段。它不像户外的池塘那么大，也没有太多的生物，可这些恰恰又为观察提供了有利条件。除此之外，还不会有行人来打扰你专注的观察。其实这并不是什么天方夜谭，这是很容易实现的。

我的户内池塘是在铁匠和木匠的合作下造成的：先用铁条做好池架，把它装在木头做的基座上面。池上面盖着一块可以活动的木板，下面的池底是铁做的，底上有一个排水的小洞。池的四周镶着玻璃。这是一个设计得相当不错的玻璃池，就放在我的窗口，它的体积有十加仑到十二加仑。

我先往池里放进一些滑腻腻的硬块。那是一种分量很重的东西，表面长着许多小孔，看上去很像珊瑚礁。

我的点评

名师点评

硬块上面盖着许多绿绿的绒毛般的苔藓，这苔藓能够使水保持清洁，为什么呢？让我们来看一看吧。

动物在水池里和我们在空气中一样，要吸入新鲜的气体，同时，排出废气（二氧化碳）。这些废气是不适宜人呼吸的。而植物刚好相反，它们吸入二氧化碳。所以池中的水草就吸收这种废气，经过一番工作后，释放出可以供动物呼吸的氧气。

阅读提示

作者不时在文中自然穿插一些科学常识、原理的描述，做到了寓教于乐。

如果你在充满阳光的池边站一会儿，你就能观察到这种变化，在有水草的礁上石，那一点点发亮的闪烁的星光，好像是绿苗遍地的草坪上点缀着的零零碎碎的珍珠。这些珍珠不断地消逝，又接连不断地出现，它们会倏然在水面上飞散开来，好像水底下发生了小小的爆炸，冒出一串串的气泡。

我的点评

水草分解了水中的二氧化碳，得到碳元素，碳可以用来制造淀粉。淀粉是生物细胞所不可缺少的东西。营养物水草所吐出来的废气是新鲜的氧气。这些氧气一部分溶解在水中，供给水中的生物呼吸，一部分离开水面跑到空气中。你在外面看到的像珍珠一样的气泡就是氧气！

我注视着池水中的气泡，作了一番遐想：在许多许多年以前，陆地刚刚脱离了海洋，那时草是第一棵植物，它吐出第一口氧气，供给生物呼吸。于是各种各样的动物相继出现了，而且一代一代繁衍、变化下去，一直形成今天的生物世界。我的玻璃池塘似乎在告诉我一个行星航行在没有氧气的空间里的故事。

阅读提示

看似不经意的遐想，却引出了万物起源的千古疑问，发人深思。

品读·理解

本章作者先向我们介绍了他心目中神秘的池塘，那里是小蝌蚪、蝾螈、池鳐、豉虫、石蚕、水甲虫、水蝎，还有一些贝壳类动物的美丽世界。接着笔锋一转，以充满深情的笔触，通过回忆自己小时候喂养鸭子与大自然结缘的故事，向我们讲述他记忆中的第一个池塘怎样深深地吸引了他，激发起他的好奇心。随后，作者还向我们讲述了他的玻璃池塘的制作过程和氧气的生成原理，真是寓教于乐。不知不觉中我们又学到了一些科学知识。

感悟·思考

1.在作者神秘的池塘里，都有哪些可爱的小生灵？

2.书中说：“尽管如此，对于我，那个池塘始终保持着它的诱惑力，因为它充满了神秘，那些东西在我看来，其魅力远胜于钻石和黄金。”在你看来，那个池塘有什么魅力？

第三章　装有“潜水艇”的石蚕

名师导读

石蚕并不是十分擅长游泳的水手，可是它又是怎样做到在水中自由升降，或者停留在水中央的呢？下面，我们就随着法布尔的指引，去见识一下石蚕那小小的“潜水艇”吧。

我往我的玻璃池塘里放进一些小小的水生动物，它们叫石蚕。确切地说，它们是石蚕蛾的幼虫，平时很巧妙地隐藏在一个个枯枝做的小鞘中。

石蚕原本是生长在泥潭沼泽中的芦苇丛里的。在许多时候，它依附在芦苇的断枝上，随芦苇在水中漂泊。那小鞘就是它活动的房子，也可以说是它旅行时随身带的简易房子。

这活动房子算得上是一个很精巧的编织艺术品，它的材料是由那种被水浸透后剥蚀、脱落下来的植物的根皮组成的。在筑巢的时候，石蚕用牙齿把这种根皮撕成粗细适宜的纤维，然后把这些纤维巧妙地编成一个大小适中的小鞘，使它的身体恰好能够藏在里面。有时候它也会利用极小的贝壳七拼八凑地拼成一个小鞘，就好像一件小小的百衲衣；有时候，它也用米粒堆积起来，布置成一个象牙塔似的窝，这算是它最华丽的住宅了。

● 暴徒的袭击

石蚕的小鞘不但是它的寓所，同时还是它的防御工具。我曾在我的玻璃池塘里看到一幕有趣的战争，鲜明地证实了那个其貌不扬的小鞘的作用。

玻璃池塘的水中原本潜伏着一打水甲虫，它们游泳的姿态激起了我极大的兴趣。有一天，我无意中撒下两把石蚕，正好被潜在石块旁的水甲虫看见了，它们立刻游到水面上，迅速地抓住了石蚕的小鞘，里面的石蚕感觉到此次攻击来势凶猛，不易抵抗，就想出了金蝉脱壳的妙计，不慌不忙地从小鞘里溜出来，一眨眼就逃得无影无踪了。

野蛮的水甲虫还在继续凶狠地撕扯着小鞘，直到知道早已失去了想要的食物，受了石蚕的骗，这才显出懊恼沮丧的神情，无限留恋又无可奈何地把空鞘丢下，去别处觅食了。

可怜的水甲虫啊！它们永远也不会知道聪明的石蚕早已逃到石底下，重新建造它的新鞘，准备接受你们的下一次袭击了。

● 潜水艇——石蚕

石蚕靠着它们的小鞘在水中任意遨游，它们好像是一队潜水艇，一会儿上升，一会儿下降，一会儿又神奇地停留在水中央。它们还能靠着那舵的摆动随意控制航行的方向。

我不由想到了木筏，石蚕的小鞘是不是有木筏那样的结构，或是有类似于浮囊作用的装备，使它们不至于下沉呢？

我将石蚕的小鞘剥去，把它们分别放在水上。结果小鞘和石蚕都往下沉。这是为什么呢？

原来，当石蚕在水底休息时，它把整个身子都塞在小鞘里。当它想浮到水面上时，就先拖带着小鞘爬上芦梗，然后把前身伸出鞘外。这时小鞘的后部就留出一段空隙，石蚕靠着这一段空隙便可以顺利往上浮。就好像装了一个活塞，向外拉时就跟针筒里空气柱的道理一样。这一段装着空气的鞘就像轮船上的救生圈一样，靠着里面的浮力，使石蚕不至于下沉。所以石蚕不必牢牢地黏附在芦苇枝或水草上，它既可以浮到水面上接触阳光，也可以在水底尽情遨游。

不过，石蚕并不是十分擅长游泳的水手，它转身或拐弯的动作看上去很笨拙。这是因为它只靠着那伸在鞘外的一段身体作为舵桨，再也没有别的辅助工具了，当它享受了足够的阳光后，它就缩回前身，排出空气，渐渐向下沉落了。

我们人类有潜水艇，石蚕也有这样一个小小的潜水艇。它们能自由地升降，或者停留在水中央——就是当它们在慢慢地排出鞘内的空气的时候。虽然不懂人类博大精深的物理学，可能把这只小小的鞘造得这样的完美，这样的精巧，完全是靠它们的本能。

大自然所支配的一切，永远是那么巧妙和谐。

感悟·思考

1.文中描写石蚕遇到“暴徒”的袭击，请问“暴徒”是指哪种昆虫？

2.石蚕是怎样利用身上的“潜水艇”来控制自己的升降和停留的？

第四章 螳螂——挥舞着镰刀的斗士［精读］

名师导读

蝗螂在安静的时候，像一位含羞的少女，可它捕食的时候却凶猛异常。不可思议的是，它会吃掉自己的同类，甚至是自己的伴侣。这是怎么回事？

● 武器

螳螂，是一种美丽的昆虫，像一位身材修长的少女。在烈日的草丛中，它仪态万方，严肃半立，前爪像人的手臂一样伸向天空，活脱脱一副诚心诚意祷告的姿势。

如果单从外表上来看，它并不让人害怕，相反，看上去它相当美丽，它有纤细而优雅的姿态，淡绿的体色，轻薄如纱的长翼。颈部是柔软的，头可以朝任何方向自由转动。只有这种昆虫能向各个方向凝视，真可谓是眼观六路。它甚至还有一个面孔。这一切使它看上去像一个温柔的小动物。

螳螂天生就有着一副美丽优雅的身材。不仅如此，它

名师点评

写作借鉴

比拟形象，使人对螳螂有了一个温和、端庄、美丽的初步印象。

我的点评

名师点评

还拥有另外一种独特的东西，那便是生长在它的前足上的那对极有杀伤力和进攻性的冲杀、防御的武器。而它的身材和这对武器之间的差异，简直是太大了，太明显了，真让人难以相信，它是一种温存与残忍并存的小动物。

阅读提示

呼应上文，并形成对比，使人对螳螂有了更深刻全面的认识。

见过螳螂的人，都会十分清楚地发现，它纤细的腰部不光很长，还特别的有力呢。与长腰相比，螳螂的大腿要更长一些。而且，它的大腿下面还生长着两排十分锋利的像锯齿一样的东西。在这两排尖利的锯齿的后面，还生长着一些大齿，一共有三个。总之，螳螂的大腿简直就是两排刀口锋利的锯齿。当螳螂想要把腿折叠起来的时候，它就可以把两条腿分别收放在这两排锯齿的中间，这样是很安全的，不至于伤到它自己。

我的点评

如果说螳螂的大腿像是两排刀口的锯齿的话，那么它的小腿可以说是两排刀口的锯子。生长在小腿上的锯齿要比长在大腿上的多很多。而且，小腿上的锯齿和大腿上的有一些不太相同的地方。小腿锯齿的末端还生长着尖锐的很硬的钩子，这些小钩子就像金针一样。除此以外，锯齿上还长着一把有着双面刃的刀，就好像那种呈弯曲状的修理各种花枝用的剪刀一样。

对于这些小硬钩，我有着许多惨痛的记忆。每次想到它们，都有一种难受的感觉。记得从前曾经有过许多次这样的经历。在我到野外去捕捉螳螂的时候，经常遭到这个小动物的反抗，总是捉它不成，反过来倒中了这个小东西的十分厉害的“暗器”——被它抓住了手。而

阅读提示

现身说法，描写自己的亲身体验，使得文章不仅亲切生动，也更加真实可信。

且，它总是抓得很牢，不轻易松开，让我自己无法从中解脱出来，只有想其他的方法，请人前来相助，才能摆脱它的纠缠。所以，在我们这种地方，或许再也没有什么其他的昆虫比这种小小的螳螂更难以对付，更难以捕捉的了。

螳螂身上的武器、暗器很多，因此，它在遇到危险的时候，可以选择多种方法来自我保护。比如，它有如针的硬钩，可以用镰钩去钩你的手指；它长有锯齿般的尖刺，可以用它来扎、刺你的手；它还有一对锋利无比且十分健壮的大钳子。这对大钳子对你的手有相当的威力，当它夹住你的手时，那滋味儿可不太好受啊！综上所述，这种种有杀伤力的方法，让你很难对付它。要想活捉这个小动物，还真得动一番脑筋，费一番周折呢！

平时，在它休息、不活动的时候，这个异常勇猛的捕捉其他昆虫的机器，只是将身体蜷缩在胸坎处，看上去，似乎特别的平和，完全看不出有那么大的攻击性，甚至会让你觉得，它简直就是一只热爱祈祷的温和的小昆虫。但是，当它发现猎物时，会突然跳起，摆出可怕的姿势，迅速打开前翅，斜着甩到两侧，接着展开后翅，像两片平行的船帆立起，腹部向上蜷成曲棍，抬起又放下，猛然地抖动，发出喘气似的“扑哧、扑哧”像火鸡开屏的声音，又好像蛇受惊吐出的气息。

螳螂一般从颈部攻击抓到的猎物。它用一只前爪把

名师点评

我的点评

阅读提示

动词的准确使用，生动形象的比喻，将螳螂发现猎物时的姿态描写得栩栩如生；同时，连续的动作描写也渲染出了紧张气氛。

名师点评

我的点评

我的点评

猎物拦腰勾住不动，另一爪按住猎物头，掰开后面的颈脖，尖嘴从颈后没有护甲的地方探进去，一口一口地啃咬，不一会儿猎物颈上就打开了一个大口子。这个吸血鬼开始慢慢地品尝猎物的体液，左右移动它的毒钩，直到把猎物的体液吸干为止。

螳螂从颈部攻击猎物，啃咬颈部神经节，符合解剖学原理，可以说它是一个解剖学的专家。在这方面，它比其他昆虫聪明得多，也残忍得多。

假如你想到原野里去详尽地研究、观察螳螂的习性，那几乎是不可能的。因此，也就不得不把螳螂拿到室内来进行观察、分析和研究。如果把螳螂放在一个用铜丝盖住的盆里面，再往盆里加上一些沙子，那么，这只螳螂将会生活得十分快乐和满意。我所要做的，只是提供给它充足而又新鲜的食物就可以了。有了它必需的食品，它会生活得更满意。因为我想要做一些试验，测量一下螳螂的臂力究竟有多大，所以，我不仅仅是提供一些活的蝗虫或者是活的蚱蜢给螳螂吃，同时，还必须供给它一些最大个儿的蜘蛛，以使它的身体更加强壮。以下便是在我做了上述工作以后，所观察到的情形。

● **捕食**

有一次，一只不知危险、无所畏惧的灰色的蝗虫，

朝着那只螳螂迎面跳了过去。后者，也就是那只螳螂，立刻表现出异常愤怒的态度，接着，反应十分迅速地摆出了一种让人感到特别吃惊的姿势，使得那只本来什么也不怕的小蝗虫，此时此刻也充满了恐惧。螳螂表现出来的这种奇怪的面相，我敢肯定，你从来也没有见到过。螳螂把它的翅膀极度地张开，它的翅竖了起来，并且直立得就好像船帆一样。翅膀竖在它的后背上，螳螂将身体的上端弯曲起来，样子很像一根弯曲着手柄的拐杖，并且不时地上下起落着。不光是动作奇特，与此同时，它还会发出一种声音。那声音特别像毒蛇喷吐气息时发出的声响。螳螂把自己的整个身体全都放置在后足的上面。显然，它已经摆出了一副时刻迎接挑战的姿态。因为，螳螂已经把身体的前半部完全都竖起来了，那对随时准备东挡西杀的前臂也早已张了开来，露出了那种黑白相间的斑点。这样一种姿势，谁能说不是随时备战的姿势呢？

螳螂在做出这种令谁都惊奇的姿势之后，一动不动，眼睛瞄准它的敌人，准备随时上阵，迎接激烈的战斗。哪怕那只蝗虫轻轻地、稍微移动一点位置，螳螂都会马上转动一下它的头，目光始终不离开蝗虫。螳螂这种死死的盯人战术，其目的是很明显的，主要就是利用对方的惧怕心理，让对方的惊恐一点儿一点儿加深，造成“火上浇油”的效果，给对手施加更大的压力。螳螂希望在战斗未打响之前，就能让面前的敌人因害怕而陷

名师点评

阅读提示

像是在和读者面对面说话，拉近了作者与读者的距离。

我的点评

名师点评

写作借鉴

与其说螳螂是个心理专家，不如说作者才是个心理专家，没有世事洞明的修养，没有对昆虫痴迷的爱，没有细致入微的观察，怎能将螳螂的“心理”描写得如此精彩动人！

阅读提示

怕极了不敢逃，不知道逃，甚至不自觉地靠近敌人，作者真是把这种极度害怕的心理揣摩透了。

于不利地位，达到使其不战自败的目的。因此，螳螂现在需要虚张声势一番，假装什么凶猛的怪物的架势，利用心理战术，和面前的敌人进行周旋。螳螂真是个心理专家啊！

看起来，螳螂这个精心安排设计的作战计划是完全成功的。那个开始天不怕、地不怕的小蝗虫果然中了螳螂的妙计，真的把它当成什么凶猛的怪物了。蝗虫刚一看到螳螂这副奇怪的样子以后，顿时就有些吓呆了，紧紧地注视着面前这个怪里怪气的家伙，一动也不动。在没有弄清来者是谁之前，它是不敢轻易地向对方发起什么攻势的。这样一来，一向擅长蹦来跳去的蝗虫，现在，竟然一下子不知所措了，甚至连马上跳起来逃跑也想不起来了。已经慌了神儿的蝗虫，完全把“三十六计，走为上策”这一招儿忘到脑后去了。可怜的小蝗虫害怕极了，怯生生地伏在原地，不敢发出半点声响。生怕稍不留神，便命丧黄泉。在它最害怕的时候，它竟然莫明其妙地向前移动，靠近了螳螂。它居然如此恐慌，到了要去送死的地步。看来螳螂的心理战术是完全成功了。

当那个可怜的蝗虫移动到螳螂刚好可以碰到它的时候，螳螂就毫不客气，一点儿也不留情地立刻动用它的武器，用它那有力的“掌”重重地击打那个可怜虫，重重地、不留情面地击打对方的颈部，再用两条锯子用力地把它压紧。于是，那个小俘虏无论怎样顽强抵抗，也没有用了。在一顿猛烈的痛捶之后，再加上先前万分的恐惧，蝗虫的动作慢慢地迟缓下来，也许是已经被打蒙了的缘故吧。

螳螂这种办法既有效又非常地实用。就是利用这种办法，它屡屡取得战斗的胜利。接下来，这个残暴的魔鬼胜利者便开始咀嚼它的战利品了。它肯定是十分得意的。就这样，像秋风扫落叶一样地对待敌人，是螳螂永不改变的信条。不过，最让人感到奇怪的，这么一只小个儿的昆虫，竟然还十分贪吃，能吃掉比你想象的还多的食物。

那些爱掘地的黄蜂们，算得上是螳螂的美餐之一了，因此螳螂经常出没于黄蜂的地穴附近。所以，在黄蜂的窠巢近区看到螳螂的身影屡屡出现，便不足为奇了。螳螂总是埋伏在蜂窠的周围，等待时机，特别是那种能获得双重报酬的好机会。为什么说是双重报酬呢？原来，有的时候，螳螂等待的不仅仅是黄蜂本身，因为黄蜂身上常常也会携带一些属于它自己的俘虏。这样一来，对于螳螂而言，不就是双份的俘虏，双重报酬了吗！不过，螳螂并不总是这么走运的，也有不太幸运的时候。有时，它也会什么都等不到，只得无功而返。主要原因是，黄蜂已经开始怀疑，从而有所戒备，让螳螂失望而归。但是，也有个别掉以轻心者虽已发觉但仍不当心的，被螳螂看准时机，一举将其抓获。这些命运悲惨的黄蜂为什么会遭到螳螂的毒手呢？因为，刚从外面

名师点评

我的点评

阅读提示

运用设问、反问修辞，使文章避免了平铺直叙，显得活泼有趣。

名师点评

我的点评

觅食的黄蜂振翅飞回，有一些粗心大意，对早已埋伏起来的敌人毫无戒备。当突然发觉大敌当前时，猛地吓一跳，会稍稍迟疑一下，飞行速度忽然减慢下来。但是，就在这千钧一发的关键时刻，螳螂的行动简直是迅雷不及掩耳。于是，黄蜂一瞬间便坠入那个两排锯齿的捕捉器——螳螂的前臂和上臂的锯齿之中了。螳螂就是这样出其不备，利用速度制胜的。接下来，那个不幸的牺牲者就会被胜利者一口一口地吃掉，变成螳螂的一顿美餐。

记得有一次，我曾看见过这样有趣的一幕。有一只黄蜂，刚刚俘获了一只蜜蜂，并把它带回到自己的储藏室里，正在享用这只蜜蜂体内的蜜汁。不料，正在它吃得高兴的时候，遭到了一只凶悍的螳螂的突然袭击。那时黄蜂正在吃蜜蜂储藏的蜜，但是螳螂的双锯，出其不意地竟然有力地夹在了它的身上。可是，就是在这种被俘虏的关键时刻，无论怎样的惊吓、恐怖和痛苦，竟然都不能让这只贪吃的小动物停止吸食蜜蜂体内的蜜汁。这简直太奇异了，真是人为财死，鸟为食亡啊！

阅读提示

以人性观照虫性，哲理性的文字使文章闪烁出智慧的光芒。

螳螂，这样一种凶狠恶毒、犹如魔鬼一般的小动物，它的食物的范围并不仅仅局限于其他种类的所有昆虫。螳螂看起来虽然特别神圣，但是，或许你想不到，螳螂还是一种吃自己同类的动物呢。也就是说，螳螂是会吃螳螂的，它会吃掉自己的兄弟姐妹。而且，它在吃的时候，面不改色心不跳，泰然自若，那副样子，简直和它吃蝗虫、吃蚱蜢的时候一模一样，仿佛这是天经地义的事情。并且，与此同时，旁边围观的观众们，也没有任何反应，没有任何抵抗的行动。不仅如此，这些观众还跃跃欲试，时刻准备着，一旦有了机会，它们也会做同样的事情，也同样的毫不在乎，仿佛顺理成章似的。事实上，雌螳螂甚至还有吃它丈夫的习性。这可真让人吃惊！雌螳螂会咬住它丈夫的头颈，然后一口一口地吃下去。最后，剩余下来的只是它丈夫的两片薄薄的翅膀而已。这真让人难以置信。

听说，即便是狼，也不吃它们的同类。螳螂真的是比狼还要狠毒十倍啊！可见，螳螂真的是很可怕的动物了！

名师点评

我的点评

阅读提示

通过一系列对螳螂狠毒一面的描写，使结论令人信服，也与开头形成强烈对比。整篇文章一波三折，引人入胜。

我的点评

品读·理解

本章介绍的小动物——螳螂，相信绝大多数小读者特别是家在农村的读者都不会陌生。因为很多读者小时候都有观察螳螂、捕捉螳螂甚至被螳螂刺伤手的体验。本章中作者为我们描述了螳螂的外形、身体结构、功能，重点介绍了它的武器——长着锋利锯齿的大腿，并兴致勃勃地为我们描述了螳螂捕食蝗虫、黄蜂的激烈战斗场面。令人吃惊的是，螳螂还吃自己的同类，雌性螳螂甚至会吃自己的丈夫。这一特点，也出现在动画片《黑猫警长》的情节里，相信会勾起很多读者的回忆。

感悟·思考

1.文中说螳螂是一种温存与残忍并存的小动物，请你结合文章谈谈对这句话的理解。

2.相信很多读者小时候在玩耍或捕捉小动物的过程中，都有不小心被动物伤害的经历。请根据回忆将这一经历叙述出来，字数300字左右。

第五章　蝉——用生命歌唱生活

名师导读

蝉是一个热爱生活的歌唱家，它在地下要经过好几年的成长才能到地上来，既然这么不容易，当然要珍惜美好的时光了。可是你知道吗，蝉的听力很不好。

● 勤劳

有一个关于蝉的寓言是这么说的：整个夏天，蝉不做一点儿事情，只是终日唱歌，而蚂蚁则忙于储藏食物。冬天来了，蝉太饿了，只得跑到它的邻居那里借一些粮食。结果它遭到了难堪的待遇。骄傲的蚂蚁问道："你夏天为什么不收集一点儿食物呢？"蝉回答道："夏天我歌唱太忙了。""你唱歌吗？"蚂蚁不客气地回答，"好啊，那么你现在可以跳舞了。"然后它就转身不理蝉了。

这个寓言是造谣，蝉并不是乞丐，虽然它需要邻居们很多的照应。每到夏天，它来到我的门外唱歌，在两棵高大筱悬木的绿荫中，从日出到日落，那粗鲁的乐声吵得我头脑昏昏。这种震耳欲聋的合奏，这种无休无止的鼓噪，使人任何思想的火花都不会闪现。

有的时候，蝉与蚁也确实打一些交道，但是它们与前面寓言中所说的刚好相反。蝉并不靠别人生活。它从不到蚂蚁门前去求食，相反的倒是蚂蚁为饥饿所驱乞求哀恳这位歌唱家。我不是说哀恳吗，这个词，还不确切，事实上它是厚着脸皮去抢劫的。

七月时节，当我们这里的昆虫为口渴所苦，失望地在已经枯萎的花上跑来跑去寻找饮料时，蝉则依然很舒服，不觉得痛苦。它用凸出的嘴——一个精巧的吸管刺穿饮之不竭的圆桶。它坐在枝头，不停地唱歌，只要钻通柔滑的树皮，里面有的是汁液，吸管插进桶孔，它就可饮个饱了。

如果稍注意一下，我们也许就可以看到它遭受到的意外的烦扰。因为邻近很多口渴的昆虫，立刻发现了蝉的井里流出的浆汁，纷纷跑去舔食。这些昆虫大都是黄蜂、苍蝇、蛆蜕、玫瑰虫等，而最多的却是蚂蚁。

身材小的想要到达这个井边，就偷偷从蝉的身底爬过，而主人却很大方地抬起身子，让它们过去。大的昆虫，抢到一口，就赶紧跑开，走到邻近的枝头，当它再转回头来时，胆子比从前大了，忽然就成了强盗，想把蝉从井边赶走。

最坏的罪犯，要算蚂蚁了。我曾见过它们咬紧蝉的腿尖，拖住它的翅膀，爬上它的后背，甚至有一次一个凶悍的强盗竟当着我的面，抓住蝉的吸管，想把它拉掉。

最后，麻烦越来越多，这位歌唱家不得已抛开自己所做的井，无可奈何逃走了。于是蚂蚁的目的达到，占有了这个井。不过这个井也干得很快，浆汁立刻被吃光了。于是它们再找机会去抢劫别的井，以图第二次的痛饮。

你看，事实不是与那个寓言相反吗，蚂蚁是顽强的乞丐，而勤劳的生产者却是蝉呢！

我有很好的环境可以研究蝉的习性，因为我是与它同住的。七月初，它就占据了靠我屋子门前的那棵树。我是屋里的主人，门外它就是最高的统治者，不过它的统治无论怎样总是不会让人觉得舒服。

蝉初次被发现是在夏至。在行人很多，有太阳光照着的道路上，有好些圆孔，与地面相平，大小约如人的手指。在这些圆孔中，蝉的蛴螬从地底爬出来，在地面上变成完全的蝉。它们喜欢特别干燥而阳光充沛的地方。因为蛴螬有一个有力的工具，能够刺透焙过的泥土与沙石。

● 脱壳

当考察它们的储藏室时，我是用手斧来开掘的。最使人注意的，就是这个约一寸口径的圆孔，四边一点儿尘埃都没有，也没有泥土堆积在外面。大多数的掘地昆虫，例如金蜣，在它的窝巢外面总有一座土堆。蝉则不同，是由于它们工作方法的不同。金蜣的工作是从洞口开始，所以把掘出来的废料堆积在地面；但蝉蛴螬是从地底上来的。最后的工作，才是开辟门口的生路，因为当初并没有门，所以它不是在门口堆积尘土的。

蝉的隧道大都是深达十五寸至十六寸，一直通行无阻，下面的部分较宽，但是在底端却完全关闭起来。在做隧道时，泥土搬移到哪里去了呢？为什么墙壁不会崩裂下来呢？谁都以为蝉是用了有爪的腿爬上爬下的，而如果这样是会将泥土弄塌，把自己的房子塞住的。

其实，它的举措简直像矿工或是铁路工程师一样。矿工用支柱支持隧道，铁路工程师利用砖墙使地道坚固。蝉的聪明同他们一样，它在隧道的墙上涂上“水泥”。这种用来做灰泥的黏液是藏在它身子里的，地穴常常是建筑在含有汁液的植物须上的，它可以从这些根须取得汁液。

能够自如地在穴道内爬上爬下，对于蝉是很重要的，因为当它爬出去到日光下的时候，它必须知道外面的气候如何。所以它要工作好几个星期，甚至一个月，才能做成一道坚固的墙壁，适宜于它上下爬行。在隧道的顶端，它留着手指厚的一层土，用以感知并抵御外面空气的变化，直到最后的一刻。只要有一些好天气的消息，它就爬上来。它是利用顶上的薄盖来测知气候的状况。

假使它估计到外面有雨或风暴——当纤弱的蛴螬脱皮的时候，这是最重要的一件事情——它就小心谨慎地溜到隧道底下。但是如果气候看来很温暖，它就用爪击碎天花板，爬到地面上来了。

在蝉肿大的身体里面有一种液汁，当它掘土的时候，将液汁倒在泥土上，混合成为泥浆，墙壁就更加柔软了。蛴螬再将肥重的身体压上去，便把烂泥挤进干土的缝隙里。因此，当它在顶端出口处被发现时，身上常有许多湿点。

蝉的蛴螬初次出现在地面上时，常常在附近徘徊，寻找适当的地点脱掉身上的皮——一棵小矮树，一丛百里香，一片野草叶，或者一枝灌木枝——找到后，它就爬上去，用前爪紧紧地握住，丝毫不动。

于是它外层的皮开始由背上裂开，里面露出淡绿色的蝉。当时头先出来，接着是吸管和前腿，最后是后腿与翅膀。此时，除掉最后的尖端，身体已完全蜕出了。

然后，它会表演一种奇怪的体操，身体腾起在空中，只有一点固着在旧皮上，翻转身体，使头向下，花纹满布的翼，向外伸直，竭力张开。于是用一种基本看不清的动作，又尽力将身体翻上来，并以前爪钩住它的空皮，用这种运动，把身体的尖端从鞘中脱出，所有过程大约需要半个小时。

在短时期内，这个刚被释放的蝉，还不十分强壮。它那柔软的身体，在还没具有足够的力气和漂亮的颜色以前，必须在日光和空气中好好沐浴。它只用前爪挂在已脱下的壳上，摇摆于微风中，依然很脆弱，依然是绿色的。

真题再现 押题预测

考点大全

昆虫记

知识点考点　全方位梳理

最新考试真题　精选汇编

一线专家预测押题　考点题型精准分析

目录

考点知识点积累

《昆虫记》虽然是一部科普著作，但面孔却十分和善，不故作深刻，没有干巴巴的学究气，没有学术著作的晦涩枯燥与一本正经，没有言之无物的公式、一知半解的瞎扯，而是准确地描述观察到的事实，一点儿不多，一点儿不少。因此，我们也不要把它当成一般的科普著作来阅读，尝试通过以下几点来融入这本书，你会有更多的收获。

一、在阅读中寻找深藏在文字背后的人与动物的和谐之爱

阅读这本书，不但要注意它的文学性，更要与法布尔一样，以人性来观照虫性，挖掘出藏在文字背后的那种人与动物的和谐之爱。

二、把作者介绍的每一种昆虫都做成读书卡片，积累起来

如果你有充分的时间和浓厚的兴趣，建议你耐心地制作读书卡片，将包含在每一篇精彩文章中的信息都浓缩到卡片上。到时候你就会发现，法布尔带给我们多么丰富的知识和多么大的乐趣。

三、学习法布尔严谨的科学态度和长期认真、不懈地观察的精神

对于你熟悉的昆虫，你可以与自己日常的观察和生活经验联系起来，相互比较，看看你与法布尔的观察角度有什么不同。观察是一个长期、细致的过程，只有坚持不懈，才能与法布尔一样，走进多姿多彩的昆虫世界。

《昆虫记》是一本讲昆虫生活的书，涉及到一百多种昆虫。法布尔在学校教课之余，和自己的孩子一起在田野间观察各类昆虫，为之定名，为之讴歌。法布尔也由此获得了“科学诗人”、“昆虫荷马”、“昆虫界的维吉尔”等桂冠。

法布尔把毕生从事昆虫研究的成果和经历用散文的形式记录下来，详细观察了昆虫的生活和为生活以及繁衍种族所进行的斗争。但他并不局限于仅仅真实地记录下昆虫的生活，而是以人性观照虫性，并以虫性反观社会人生，睿智的哲思跃然纸上。整部作品充满

了对生命的关爱之情，充满了对自然万物的赞美之情。正是这种对于生命的尊重与敬畏之情，给这部普普通通的科学巨著注入了灵魂。全书以人文精神统领自然科学的庞杂实据，虫性与人性交融，使昆虫世界成为人类获得知识、趣味、美感和思想的文学形态，将区区小虫的话题书写成多层次意味、全方位价值的鸿篇巨制，这样的作品在世界上实属空前绝后。

在中国，二十世纪二三十年代就曾出版过《昆虫记》的节译本，鲁迅称之为“讲昆虫的故事”、“讲昆虫生活”的楷模，周作人更是说此书比看那些无聊的小说戏剧更有趣味，更有意义。二十世纪九十年代，中国读书界再度掀起“法布尔热”，该书大受读者欢迎。

法布尔（1823—1915），1823年生于法国南部的一户农家，童年在乡间与花草虫鸟一起度过。由于贫穷，他连中学也无法正常读完，但他坚持自学，一生中先后取得了教学学士学位、数学学士学位、自然科学学士学位和自然科学博士学位。1847年，来到阿雅克修中学，在那里遇到了影响了他人生选择的两位学者，他从此打定主意，教学之余潜心研究昆虫。1857年，他发表了处女作《节腹泥蜂习性观察记》，这篇论文修正了当时的昆虫学祖师列翁·杜福尔的错误观点，由此赢得了法兰西研究院的赞誉，被授予实验生理学奖。达尔文也给了他很高的赞誉，在《物种起源》中称法布尔为“无与伦比的观察家”。1879年，《昆虫记》第一卷问世。1880年，他终于有了一间实验室，一块荒芜不毛但却是矢车菊和膜翅目昆虫钟爱的土地，他风趣地称之为“荒石园”。在余生的35年中，法布尔就蛰居在荒石园，一边进行观察和实验，一边整理前半生研究昆虫的观察笔记、实验记录和科学札记等资料，完成了《昆虫记》的后九卷。1915年，92岁的法布尔在他钟爱的昆虫陪伴下，静静地长眠于荒石园。

法布尔的《昆虫记》是为昆虫谱写的生命乐章，也是一部不朽的世界名著。它将作者对昆虫的细心观察、潜心研究和人生体会熔于一炉，不仅使人们在阅读时获取相关的科学知识，而且睿智的思想哲理跃然纸上，让读者获得一次独特的审美过程。可以说，《昆虫记》是一部有知识、有趣味、有思想和有美感的史诗性的作品。这部书于19世纪末出版，立刻在世界上引起一片赞叹声，并一版再版，至今在世界读书界仍然能引起一次又一次的轰动，堪称奇迹。

《昆虫记》这部巨著在法国自然科学史与文学史上都有它独特的地位，书中所讲述的是昆虫为生存而斗争所表现的妙不可言的、惊人的灵性。法布尔的心中充满了对生命的关爱之情和对自然

万物的赞美之情，他以人性观照虫性，昆虫的本质、习性、劳动、婚恋、繁衍和死亡无不渗透着他的人文关怀，并以虫性反观社会人生，睿智的哲思跃然纸上。在其朴素的笔下，一部严肃的学术著作如优美的散文，人们不仅能从中获得知识和思想，而且还能体验这其中独特的审美过程。主要艺术特色表现在以下几个方面：

1.语言生动活泼，描写活灵活现，让人阅读时如身临其境，毫无枯燥之感。

2.专业知识丰富，叙述翔实精准，具有科普作用，不光陶冶情操，同时能提高科学知识水平。

3.在客观入微地描写昆虫习性的同时，融入了作者独特的观察视角，把昆虫的世界和人类社会进行了对照和比拟，是科学价值和艺术价值的完美融合。

4.介绍昆虫习性不是平铺直叙，毫无重点，而是抓住一种昆虫最主要、最突出的特点来详细描写。这样就避免了篇章描写形式的雷同和枯燥。例如作者观察并记述了多种蜂，以及很多种蜘蛛，同样是蜂，它们肯定有相同的特征，作者没有重复描写，而是抓住了不同种类的蜂的各自特点来描写。

5.多种说明方法的运用：作者并没有枯燥地介绍科学知识，而是给我们展现了非常有趣的昆虫世界，他运用了打比方、举例子、拟人、列数字、做对比、下定义、作诠释、摹状貌等多种说明方法，使得文章非常生动，可读性极高。

6.描写详略得当：作者对各种昆虫的描写不是一模一样的，而是有的详细，有的简略。例如，作者用大量篇幅详细描写了松毛虫的生活习性和跟随领队前进的特点；而在孔雀蛾这一篇，作者只用很短的篇幅记叙了它的习性。这样描写避免了篇章的拖沓和呆板，使得描写重点突出，详略得当。

好词积累：

破茧而出　清清楚楚　竭尽所能　金蝉脱壳　坚强不屈
一无所知　小心翼翼　各种各样　晶莹剔透　微不足道
威风凛凛　逃之夭夭　丑陋不堪　历经艰辛　不遗余力
毫不迟疑　死而后已　天衣无缝　自叹不如　温暖舒适
洁白细致　干劲十足

好句回顾：

1.如果我们慢慢地，稍稍掘开堤的表面，我们就会惊奇地发现更多有趣的东西。在八月之初的时候，我们看到的是：顶上有一层的小房间，它们的样子和底下的蜂巢相比，大不一样，相差甚远。之所以有这种区别，主要是因为这是由两种不一样的蜂建造而成的。其中有一种是已经在前面提到过的掘地蜂，另外一种，有一个很动听的名字，叫竹蜂。

2.七月时节，当我们这里的昆虫，为口渴所苦，失望地在已经枯萎的花上，跑来跑去寻找饮料时，蝉则依然很舒服，不觉得痛苦。用它突出的嘴——一个精巧的吸管，尖利如锥子，收藏在胸部——刺穿饮之不竭的圆桶。它坐在树的枝头，不停的唱歌，只要钻通柔滑的树皮，里面有的是汁液，吸管插进桶孔，它就可饮个饱了。

3.蝉是非常喜欢唱歌的。它翼后的空腔里带有一种像钹一样的乐器。它还不满足，还要在胸部安置一种响板，以增加声音的强度。的确，有种蝉，为了满足音乐的嗜好，牺牲了很多。因为有这种巨大的响板，使得生命器官都无处安置，只得把它们压紧到身体最小的角落里。当然了，要热心委身于音乐，那么只有缩小内部的器官，来安置乐器了。

4.当那个可怜的蝗虫移动到螳螂刚好可以碰到它的时候，螳螂就毫不客气，一点儿也不留情地立刻动用它的武器，用它那有力的“掌”重重的地击打那个可怜虫，再用那两条锯子用力地把它压紧。于是，那个小俘虏无论怎样顽强抵抗，也无济于事了。接下来，这个残暴的魔鬼胜利者便开始咀嚼它的战利品了。它肯定是会感到十分得意的。就这样，像秋风扫落叶一样地对待敌人，是螳螂永不改变的信条。

5.蝉初次被发现是在夏至。在行人很多，有太阳光照着的道路上，有好些圆孔，与地面相平，大小约如人的手指。在这些圆孔中，蝉的蛴螬从地底爬出来，在地面上变成完全的蝉。它们喜欢特别干燥而阳光充沛的地方。因为蛴螬有一种有力的工具，能够刺透焙过的泥土与沙石。

6.在幼虫吸食蜜蜂卵的过程中，储备在蜂卵周围的甜美的蜜汁，却一点儿也诱惑不了贪吃的蜂螨幼虫，它理都不理睬一下，也不去碰它们一下。因此，可以这样讲，蜜蜂的卵对于蜂螨幼虫而言，是绝对重要的，它是幼虫的必需食品。因而小小的蜂卵，不仅仅可以当作蜂螨幼虫的一叶小舟，使得它在蜜湖中安全地行进，更重要的是，它还是幼虫相当有营养的食品，为幼虫的茁壮成长提供条件。

7.这真是一个壮观美丽的建筑啊！它大得简直像一个大南瓜。除去顶上的一部分以外，各方面全都是悬空的，顶上生长有很多的根，其中多数是茅草根，穿透了很深的“墙壁”进入墙内，和蜂巢结在一起，非常坚实。如果那地方的土地是软的，它的形状就呈圆形，各部分都会同样的坚固。如果那地方的土地是沙砾的，那黄蜂掘凿时就会遇到一定的阻碍，蜂巢的形状就会随之有所变化，至少不会那么整齐。

8.第二天早晨，我看到温暖耀眼的阳光已经落在玻璃罩上了。这些工作者们已经成群地由地下上来，急于要出去寻觅它们的食物。但是，它们一次又一次地撞在透明的“墙壁”上跌落下来，重新又上来。就这样，成群地团团飞转不停地尝试，丝毫不想放弃。其中有一些，舞跳得疲倦了，脾气暴躁地乱走一阵，然后重新又回到住宅里去了。有一些，当太阳更加炽热的时候，代替前者来乱撞。就这样轮换着倒班。但是，最终没有一只黄蜂大智大勇，能够伸出手足，到玻璃罩四周的边沿下边抓、挖泥土，开辟新的谋生之路。这就说明它们是不能设法逃脱的。它们的智慧是多么有限啊。

9.你这贪吃的小毛虫，不是我不客气，是你太放肆了。如果我不赶走你，你就要喧宾夺主了。我将再也听不到满载着针叶的松树在风中低声谈话了。不过我突然对你产生了兴趣，所以，我要和你订一个合同，我要你把你一生的传奇故事告诉我，一年、两年，或者更多年，直到我知道你全部的故事为止。而我呢，在这期间不来打扰你，任凭你来占据我的松树。

10.当我面对池塘，凝视着它的时候，我可从来都不觉得厌倦。在这个绿色的小小世界里，不知道会有多少忙碌的小生命生生不息。在充满泥泞的池边，随处可见一堆堆黑色的小蝌蚪在暖和的池水中嬉戏着，追逐着；有着红色肚皮的蝾螈也把它的宽尾巴像舵一样地摇摆着，并缓缓地前进；在那芦苇草丛中，我们还可以找到一群群石蚕的幼虫，它们各自将身体隐匿在一个枯枝做的小鞘中——这个小鞘是用来作防御天敌和各种各样意想不到的灾难用的。

每个生命都是平等的

——读《昆虫记》有感

法国昆虫学家法布尔花费了十多年时间写成的巨著《昆虫记》，这是一本讲昆虫的书，知识非常丰富，语言特别有趣，读起来特别过瘾。地球上的每一个生命，无论强大还是柔弱，都应该得到平等的尊重。昆虫，自古以来就与我们生活在一起，生活在这个地球上，可我们却很少去关注过它们。因为它们的生命是那么弱小，那么卑微，那么微不足道。读了这本书，我深受感动，原来众生平等，每种生物都有自己的精彩，甚至远远超过了我们人类。昆虫们和我们一样，也在不断地说着话，唱着歌，跳着舞，在属于它们的乐园里生活。在城市或田野中行走时，一座被遗忘的花坛，或是一段尚未整修的河堤……也许都有它们的身影。或许连草根底下也会成为它们的乐园。你听，瑟瑟演奏的螽斯，尽兴弹琴的蟋蟀，狂热唱歌的蝉儿。你看，雪地忙忙碌碌的瓢虫，优雅翻飞的蝴蝶，身影矫健的蜻蜓，它们不是都显得很快乐吗？在这个动物王国中，一汪水洼可以养育许多蜻蜓或是蚊子幼虫，一滴露珠就能滋润一只小甲虫，一块石头下的缝隙就能为一对蟋蟀提供一个安乐的家。

昆虫无处不在地谱写着或艰辛或顺利的生存的故事。只是我们平时没有注意它们的笑声和窃窃私语，忽视了它们的舞蹈罢了。这些小小的昆虫，我们难道不应该去观察、发现它们吗？只要你仔细地观察，它将会给你带来无穷的快乐。夏天生活在树上的蝉儿，你或许会对它喋喋不休的歌声厌烦。但是你知道蝉的一生吗？蝉，经过四年黑暗的苦工，才换得一月日光中的享乐，这就是蝉的生活，我们真的不应该厌恶它歌声中的烦躁浮夸。因为它掘土四年，现在忽然穿起漂亮的衣服，长起美丽的翅膀，能在温暖的日光中沐浴。

那钹的声音能高到足以歌颂它的快乐如此难得，而又如此短暂。昆虫也是地球生物链上不可缺少的一环，昆虫的生命也应当得到尊重。地球不应当被人类霸占，人类并不是一个孤立的存在。地球上的所有生命，包括蜘蛛、黄蜂、象鼻虫在内，都在同一个紧密联系的系统之中。读罢《昆虫记》，我才真正感悟到生命是平等的。神奇的昆虫世界。

各地真题　考点汇编

1.下列关于名著内容的表述，不正确的一项是（　　）（山东省潍坊）

A.《昆虫记》中的蝉要在地下潜伏四年，才能钻出地面，在阳光下歌唱五个星期；蜜蜂因为惦念着小宝贝和丰富的蜂蜜，可以凭借一种不可解释的本能飞回巢中，而这种本能正是我们人类所缺少的。

B.《童年》的主人公阿廖沙三岁时因丧父而寄居到外祖父家，过着悲凉凄苦的生活。每次阿廖沙挨打时，小伙子茨冈总把胳膊伸出去帮他挡着。阿廖沙非常爱他，但遗憾的是，茨冈不幸被十字架压死了。

C.《家》中的觉新是高公馆的长孙，为尽长房长孙的责任，被剥夺了学业与爱情。觉慧是高家年轻一代中最激进、最富有斗争精神的人。他积极参加学生运动、公开支持觉民抗婚，大胆地和丫头鸣凤恋爱，最后走上彻底叛逆的道路。

D.《鲁滨孙漂流记》记叙了鲁滨孙为实现遨游世界的梦想，出海航行，历尽艰险的故事。他在“风暴中偏航”，又于“麦田里获救”，“流落荒岛”后自己“制造粮食和面粉”，他是个喜欢冒险、渴望自由、刚毅勇敢的航海家。

2.阅读名著选段，完成下面题目（浙江省湖州市）。

【甲】当那个可怜的蝗虫移动到螳螂刚好可以碰到它的地方时，螳螂就毫不客气，一点儿也不留情地立刻动用它的武器，用它那么有力的“掌”重重地打击那个可怜虫，再用那两条锯子用力地把它压紧。于是，那个小俘虏无论怎样顽强抵抗，也无济于事了。

【乙】对着这灿烂的美景，康塞尔跟我一样惊奇地欣赏着。显然，这个守本分的人，要把眼前这些形形色色的植虫动物和软体动物分类，不停地分类……我们继续前进，在我们头上是成群结队的管状水母，他们伸出它们的天蓝色触须，一连串的漂在水中。

【丙】香菱听了，默默地回来，索性连房也不入，只在池边树下，或坐在山石上出神，或蹲在地下抠土，来往的人都诧异。

甲段选自名著《____①____》，它为我们展现大自然的小生灵们鲜为人知的生活和习性；乙段中的“我”是____②____（写出人名），跟随他，我们得以领略美妙壮观的海底世界；丙段的作者是____③____（写出人名），他引我们结识大观园中一位位至情至性的女子。

3.下列各项内容表述有误的一项是（　　）（青海省西宁市）

A.《格列佛游记》的作者是英国18世纪前期最优秀的讽刺作家和政论家乔纳森·斯威夫特，小说以清新的文字把读者带进了一个奇异的幻境。

B.《昆虫记》是优秀的科普著作，也是公认的文学经典，除了真实地记录昆虫的生活，还透过昆虫世界折射出社会人生，被誉为“昆虫的史诗”。

C.《送东阳马生序》的“序”是用于临别赠言的赠序；《马说》的“说”是古代一种议论文体；《与朱元思书》的“书”是指书信。

D.课文《香菱学诗》节选自清代小说家曹雪芹所著的《红楼梦》。课文主要叙述了薛宝钗的侍女香菱和薛宝钗一同到潇湘馆拜访林黛玉请求学诗的情节。

4.阅读下文，完成（1）至（4）题（四川省宜宾市）。

埋粪虫与环境卫生

法布尔

有一种环境工作，需要在最短期限内，把一切腐败物清除干净。大自然为农村清洁卫生倾注大量心血，对城市福利却不屑一顾，当然，这还说不上是敌视。大自然为田野安排了两类净化器，它们无论在什么情况下，都不会疲劳、报废。第一类净化器包括苍蝇、蜣螂、葬尸虫、皮蠹和食尸虫类，它们被指派从事尸体解剖工作。它们把尸体分割切碎，用嗉囊细细消化肉末，最后，将其再归还给生命。

一只鼹鼠被耕作机具划破肚皮，已经发紫的肠肚脏腑玷污了田间小道；一条横卧草地的游蛇被路人踩烂，此人还以为做了件大好事；一只没毛的雏鸟从树上的窝里掉下来，落在曾一直托举着它的大树下，惨不忍睹地摔成了肉饼；成千上万的类似角色，出现在田野的各个角落。如果谁都不去清理它们，污秽和臭气就要使环境遭到破坏。然而你不必担心，这类尸体刚刚在哪儿出现一具，小小收尸工便蜂拥而至了。它们处理尸体，掏空肉质，只剩骨头；至少，也可以把尸体制成风干的木乃伊。不到二十四小时，鼹鼠、游蛇、雏鸟，一切都不见了，卫生状况着实令人满意。

第二类净化器，工作热情同样高涨。村镇上几乎见不到有氨气刺鼻的茅厕，这种情况如果能在城市出现，我们的难言之苦也就立即消除了。当农民想独自一人待一会儿的时候，随便一道矮墙，不管是一排篱笆还是一排荆棘丛，都可以成为他所急需的一处避人场所。不言而喻，在这等无拘无束的地点，你会撞见什么东西。陈年石堆上那些苔藓花饰、青苔靠垫和长生草穗，以及其他那些美丽的装饰，吸引你走过去，来到一堵加固葡萄树根土的装饰墙前。好家伙！就在布置得如此优美的掩蔽所的墙角一带，有一大堆可怕的东西！你拔腿便走，什么苔藓、青苔、长生草，一切都吸引不住你。不过，你明天再来。当你再度光顾这里，那摊东西不见了，那块地方干干净净。原来，食粪虫已经光顾过此地。

这些掩埋工提供的服务，对卫生意义重大；而我们，则正是这持之以恒的净化工作的主要受益者。然而，我们遇到这些忘我的劳动者，投去的只是一种轻蔑的目光；不仅如此，还给它们起了种种难听的名字。这仿佛成了一条规矩：做好事的，到头来要受鄙视，背上臭名，挨石头砸，被脚后跟碾得粉身碎骨。蟾蜍、蝙蝠、刺猬、猫头鹰，还有别的一些动物，它们都辅助人类工作，却无一不遭到同样的悲惨下场。殊不知，它们为我们服务，可要求我们的只是多少能手下留情而已。

（节选自《昆虫记》）

（1）“大自然为田野安排了两类净化器”，这两类净化器及它们所从事的工作分别是什么？

第一类净化器：____________

所从事的工作：____________

第二类净化器：____________

所从事的工作：____________

（2）第三段“村镇上几乎见不到有氨气刺鼻的茅厕”一句中的“几乎”是否可以删去，为什么？

答：____________

____

（3）文章第一至第三段主要运用了哪两种说明方法？分别起什么作用？

第一种说明方法及作用：____________

第二种说明方法及作用：____________

（4）《昆虫记》只是一本写“虫子”的书，却先后被翻译成50多种文字，影响着全世界的读者，被誉为“昆虫的史诗”。它既是一部严谨的科学著作，也是公认的文学经典，作者法布尔也由此获得了“科学诗人”、“昆虫荷马”、“昆虫界的维吉尔”等桂冠。通过对本文的阅读，结合平时对《昆虫记》的了解，你认为它能够成为世界名著的原因主要有哪些？

答：____________

____

____

5. 走近名著（黑龙江齐齐哈尔市）。

在__________（作者）的笔下，杨柳天牛像个吝啬鬼，身穿一件似乎“缺了布料”的短身燕尾礼服，而被毒蜘蛛咬伤的小麻雀，也会“愉快地进食，如果我们喂食动作慢了，它甚至会像婴儿般哭闹”。他的《__________》被鲁迅奉为“讲昆虫生活”的楷模。

6. 名著阅读（湖北省襄阳市）。

经典名著总是令读者回味无穷。同学们爱读法国作家法布尔的《昆虫记》，因为这部名著被誉为“________”，全书透过昆虫世界折射出社会人生，渗透着作者对人类的思考，充满了对________的关爱之情和对自然万物的赞美之情。

7. 名著阅读（湖北省孝感市）。

几乎每次进餐后，它（蓝图拉毒蛛）都要整理一下仪容。譬如用前腿上的跗节把触须和上颚里里外外清扫干净。

嗉囊装满后，它（绿色蝈蝈）用喙尖抓抓脚底，用沾着唾液的爪擦擦脸和眼睛，然后闭着双眼或者躺在沙上消化食物。

上述两段文字均选自《__________》，分别描写的是蓝图拉毒蛛和绿色蝈蝈进食后的__________，说明了昆虫也同人类一样有着__________的良好习惯。

专家命题　模拟演练

一、填空题。

1.《昆虫记》中，法布尔不但仔细观察食粪虫劳动的过程，而且不无爱怜地称这些食粪虫为________。

2.法布尔称赞________的建筑才能。

3.《昆虫记》从片断来说就是一部________，从整体来说则是辉煌的虫类________。

4.《昆虫记》是一部________。

5.这部书将____世界化作供人获得______、______、______和______的美文。

6.在《蟋蟀》中，蟋蟀差不多和________一样有名。

7.蟋蟀之所以如此名声在外，主要是因为它的______，还有它出色的________。

8.在南方有一种昆虫，与______一样，能引起人的兴趣。但不怎么出名，因为它不能______，它是______。

9.螳螂凶猛如______，______如妖魔，专食______的动物。

10.螳螂外表______而______，______的体色，______的长翼，颈部______，______可以向任何方向自由______。

11.______这种稀奇的小动物的______上像挂了一盏______似

的。

12.萤火虫生长着__________短短的__________，当雄萤发育成熟，会生出__________，像__________一样。

13.孔雀蛾是一种______的蛾，它们中______的来自______，全身披着______的绒毛，它们靠吃______为生。

14.会结网的____________是个____________高手。

15.一种黑色蜘蛛，叫__________________。

二、选择题。

1.昆虫记共有（　　）

A.八卷　　B.九卷

C.十卷　　D.十一卷

2.法布尔被誉为（　　）

A.昆虫界的荷马　　B.昆虫界的圣人

C.昆虫至圣　　D.昆虫界的托尔斯泰

3.昆虫记是一部（　　）

A.文学巨著、科学百科　　B.文学巨著

C.科学百科　　D.优秀小说

4.法布尔为写昆虫记（　　）

A.调查了许多资料　　B.翻阅了许多百科全书

C.养了许多虫子　　D.一生都在观察虫子

5.法布尔的昆虫记曾获得（　　）

A.普利策奖　　B.诺贝尔奖提名

C.安徒生奖　　D.诺贝尔奖

6.《昆虫记》是（　　）国昆虫学家（　　）的杰作，记录了他对昆虫的观察和回忆。

A.法国　法布尔　　B.法国　儒勒·凡尔纳

C.英国　笛福　　D.丹麦　安徒生

7.法布尔曾担任（　　）

A.皇家科学院会员　　B.植物学教授

C.物理教师　　D.探测员

8.塔蓝图拉蜘蛛易于（　　）

A.暴躁　　B.愤怒　　C.杀死　　D.驯服

9.法布尔的生活十分（　　）

A.贫穷　　B.富裕　　C.忙碌　　D.悠闲

10.昆虫记透过昆虫世界折射出（　　）

A.历史　　B.社会机制　　C.社会人生

11.菜豆象是一种（　　）。

A.大象　　B.昆虫　　C.鸟类

12.舍腰蜂喜欢将巢筑在（　　）的环境中。

A.干燥　　B.寒冷　　C.温暖

13.夏天阳光下的歌唱家是（　　）。

A.蝉　　B.蟋蟀　　C.蝈蝈

14.（　　）是毛虫的天敌。

A.黑步甲　　B.金步甲　　C.被管虫

15.天生攀岩家是（　　）。

A.狼蛛　　B.蜣螂　　C.蚱蜢

16.如果旁边稍有动静，意大利蟋蟀会（　　）。

A.喉咙发音　　B.腹部发音　　C.嘴巴发音

17.《昆虫记》中蟹蛛爱吃（　　）。

A.蜜蜂　　B.蝎子　　C.蝴蝶

18.蜣螂认为绵羊的天赐美食是（　　）。

A.绵羊的毛　　B.绵羊的粪便

19.大孔雀蝶是（　　）。

A.世界上最美丽的蝴蝶　　B.亚洲最大的蝴蝶

C.欧洲最大的蝴蝶

20.蜜蜂在《昆虫记》中被称为（　　）。

A.勤劳的使者　　B.不会迷失的精灵

21.黑步甲擅长（　　）。

A.装死　　B.耍伎俩

22.蟋蟀舒服的“住宅”是（　　）建造的。

A.利用现成的洞穴　　B.自己挖掘的

C.与别的昆虫一起挖掘

23.《昆虫记》中描写了许多昆虫，下列不是书中的动物是：（　　）

A.象鼻虫、蟋蟀　　B.蜘蛛、蜜蜂

C.螳螂、蝎子　　D.骆驼、恐龙

24.试验证明：（　　）能直接辨认回家的方向，而（　　）凭着对沿途景物的记忆找到回家的路。

A.蚂蚁　　B.蜜蜂

25.关于萤火虫以下说法错误的是（　　）

A.萤火虫的卵在雌萤火虫肚子里时就是发光的

B.两条发光的宽带是雌萤发育成熟的标志

C.雌萤的光带在交尾期如果受到强烈的惊吓，发光会受到影响

D.无论是雌萤还是雄萤从生下来到死去都发着光

三、判断题。

1.对螳螂幼虫来说，最具杀伤力的天敌，要算是蚂蚁了。（　　）

2.蚂蚁是顽强的乞丐，而辛苦的生产者却是蝉。（　　）

3.毛虫的毒素之源在它的绒毛中。（　　）

4.蟹蛛是一种不会织网的蜘蛛，只是等着猎物跑近才去捉，它尤其喜欢捕食蜜蜂。（　　）

5.《昆虫记》中，法布尔仔细观察食粪虫劳动的过程，称这些食粪虫为清道夫。（　　）

6.《昆虫记》中，杨柳天牛像个吝啬鬼，身穿一件似乎“缺了布料”短身燕尾礼服。（　　）

7.热爱家庭，喜欢在烟囱内部建巢的昆虫是舍腰蜂。（　　）

8.蜘蛛是一种非常怕冷的动物。（　　）

9.小甲虫为它的后代做出无私奉献，为儿女操碎了心。（　　）

10.法布尔称赞黄蜂的建筑才能，认为在这一点上它远胜于卢浮宫的建筑艺术智慧。（　　）

11.萤有两个最有意思的特点：一是获取食物的方法，另一个是它尾巴上有灯。（　　）

12.从生到死，萤火虫都是发着亮光的，甚至连它的卵也是发光的。（　　）

13.萤火虫的俘虏对象主要是蜗牛，捕捉俘虏时，马上把它刺

死。（ ）

14.萤火虫吃蜗牛时，先把蜗牛分割成一块一块，再咀嚼品味。（ ）

15.雌性萤火虫和雄性萤火虫发光的器官生长在同一位置。（ ）

16.孔雀蛾是一种长得很漂亮的蛾，靠吃杏叶为生。（ ）

17.《昆虫记》中“两种稀奇的蚱猛”是指恩布沙和白面孔螽斯。（ ）

18.四年黑暗的苦工，一月日光中的享乐，这就是蝉的生活。（ ）

19.如果你发现丁香花或玫瑰花叶子上有一些精致的小洞，这是樵叶蜂剪下了小叶片。（ ）

20.有一种外貌漂亮而内心奸恶的虫子，它的身上穿着金青色的外衣，腹部缠着“青铜”和“黄金”织成的袍子，尾部系着一条蓝色的丝带，它的名字叫金蜂。（ ）

21.黄蜂的幼蜂无论是睡觉还是饮食，都是脑袋朝下生长的，即倒挂着。（ ）

22.条纹蜘蛛是因为它身体上有黄、黑、银色相间的条纹，因此得名。（ ）

23.条纹蜘蛛会自己选择或主动出击捕捉猎物。（ ）

24.小条纹蜘蛛在外面逐渐变成为成年蜘蛛的。（ ）

25.母狼蛛背着小蛛们活动，至少要经过几个星期。（ ）

26.背着小蛛的七个月里，母蛛要随时喂它们吃东西。（ ）

27.园蛛捕猎靠的不是围追堵截，而是它黏性的网。（ ）

28.在六种园蛛中，通常歇在网中央的只有两种，那就是条纹蜘蛛和丝光蜘蛛。（ ）

29.人们说螃蟹是横着走路的，还有一种昆虫也是，那就是蟹蛛。（ ）

30.蟹蛛的样子很可爱，却是一个凶狠十足的刽子手。（ ）

四、简答题。

1.你对法布尔有哪些了解？从他身上你学到了什么？法布尔给自己的实验室起了什么名字？

______

______

2.作品的主题是什么？

______

______

3.你喜欢《昆虫记》吗？说一说自己的理由。

______

______

______

五、阅读题。

蝉是非常喜欢唱歌的。它翼后的空腔里带有一种像钹一样的乐器。它还不满足，还要在胸部安置一种响板，以增加声音的强度。的确，有种蝉，为了满足音乐的嗜好，牺牲了很多。因为有这种巨大的响板，使得生命器官都无处安置，只得把它们压紧到身体最小的角落里。当然了，要热心委身于音乐，那么只有缩小内部的器官来安置乐器了。

但是不幸得很，它这样喜欢的音乐，对于别人却完全不能引起兴趣。就是我也还没有发现它唱歌的目的。通常的猜想以为它是在叫喊同伴，然而事实明显，这个意见是错误的。

蝉与我比邻相守，到现在已有十五年了，每个夏天差不多有两个月之久，它们总不离我的视线，而歌声也不离我的耳畔。我通常都看见它们在筱悬木的柔枝上，排成一列，歌唱者和它的伴侣比肩而坐。吸管插到树皮里，动也不动地狂饮，夕阳西下，它们就沿着树枝用慢而且稳的脚步，寻找温暖的地方。无论在饮水或行动时，它们从未停止过歌唱。

所以这样看起来，它们并不是叫喊同伴，你想想看，如果你的同伴在你面前，你大概不会费掉整月的功夫叫喊他们吧！

其实，照我想，便是蝉自己也听不见所唱的歌曲。不过是想用这种强硬的方法，强迫他人去听而已。

它有非常清晰的视觉。它的五只眼睛，会告诉它左右以及上方有什么事情发生，只要看到有谁跑来，它会立刻停止歌唱，悄然飞去。然而喧哗却不足以惊扰它。你尽管站在它的背后讲话，吹哨子、拍手、撞石子。就是比这种声音更轻微，要是一只雀儿，虽然没有看见你，应当早已惊慌得飞走了。这镇静的蝉却仍然继续发声，好像没事儿人一样。

有一回，我借来两支乡下人办喜事用的土铳，里面装满火药，就是最重要的喜庆事也只要用这么多。我将它放在门外的筱悬木树下。我们很小心地把窗打开，以防玻璃被震破。在头顶树枝上的蝉，看不见下面在于什么。

我们六个人等在下面，热心倾听头顶上的乐队会受到什么影响。“碰！”枪放出去，声如霹雷。一点没有受到影响，它仍然继续歌唱。它既没有表现出一点儿惊慌扰乱之状，声音的质与量也没有一点轻微的改变。第二枪和第一枪一样，也没有发生影响。

我想，经过这次试验，我们可以确定，蝉是听不见的，好像一个极聋的聋子，它对自己所发的声音是一点也感觉不到的！

1.作者否定了蝉唱歌是为了呼唤同伴的说法，请从文中找出理由？

____

____

____

2.第三段中说：的确，有这种蝉，为了满足音乐的是好，牺牲了很多。其中牺牲有什么含义？

____

____

____

3.有人根据文中画线句判断蝉自己也听不见所唱的歌曲这一观点只是作者的主观推测，其实毫无根据，你认为正确吗，为什么？

____

____

____

参考答案

各地真题　考点汇编

1.D

2.①《昆虫记》②阿龙纳斯 ③曹雪芹

3.D【解析】本题考查对文学常识、名著内容的掌握，难度较小。D选项中的“香菱和薛宝钗一同到潇湘馆拜访黛玉请求学诗”与名著中的内容不相符，应是“香菱自己到潇湘馆拜访林黛玉请求学诗”。

4.（1）第一类净化器包括苍蝇、蜣螂、葬尸虫、皮蠹和食尸虫类。它们从事尸体解剖工作。

第二类净化器指食粪虫。它们从事粪便清理工作。

（2）不可以。“几乎”是“非常接近，差不多”的意思，这里指村镇上氨气刺鼻的茅厕很少，但并非没有。如果去掉了，就变成“村镇上见不到氨气刺鼻的茅厕”，与事实不符。这体现了说明文语言的准确性。

（3）略。

（4）略。

5.法布尔 《昆虫记》

6.昆虫的史诗　生命

7.《昆虫记》 生活习性 讲卫生

专家命题　模拟演练

一、填空题

1.清道夫

2.黄蜂

3.传记；抒情诗

4.世界昆虫史诗

5.昆虫；知识、趣味、美感、思想

6.蝉

7.住所；歌唱才华

8.蝉；唱歌；螳螂

9.饿虎；残忍；活

10.纤细；优雅；淡绿色；轻薄如纱；柔软；头；转动

11.萤；尾巴；灯

12.六只；腿；翅盖；甲虫

13.很漂亮；最大；欧洲；红棕色；杏叶

14.蜘蛛；纺织

15.美洲狼蛛

二、选择题

1.C　2.A　3.A　4.D　5.B

6.A　7. C　8.D　9. A　10.C

11. B　12.C　13.A　14.B　15.B

16.B　17.A　18.B　19.C　20.B

21.A　22.B　23. D　24.B　A　25. C

三、判断题

1.√　2.√　3. ×　4.√　5.√

6.√　7.√　8. ×　9.√　10.√

11.√　12.√　13. ×　14. ×　15. ×

16.√　17.√　18.√　19.√　20.√

21.√　22.√　23. ×　24. ×　25. ×

26. ×　27.√　28.√　29.√　30.√

四、简答题

1.答：法布尔，原名让·亨利·卡西米尔·法布尔，法国昆虫学家，动物行为学家，文学家。被世人称为“昆虫界的荷马，昆虫界的维吉尔”。

我从他身上学到了要善于观察，做事坚持不解，而且要像他一样地热爱大自然。法布尔给自己的实验室起了一个“荒石园”的名字。

2.答：透过昆虫世界折射出社会人生，昆虫的本能、习性、劳动、婚恋、繁衍和死亡，无不渗透着作者对人类的思考，睿智的哲思跃然纸上。全书充满了对生命的关爱之情，充满了对自然万物的赞美之情。（便是第一题填空题）

3.答：我喜欢。因为《昆虫记》是优秀的科普著作，也是公认的文学经典，它行文生动活泼，语调轻松诙谐，充满了盎然的情趣。

五、阅读题

1.它通常是和同伴并肩而坐，无需再去叫喊呼唤。

2.因为体内有巨大的响板，使得生命器官都无处安置，只得把他们压紧到身体最小的角落里。

3.不正确。作者提出的观点是经过多次试验的。

绿色印刷产品

随书赠送

一册在手　考试无忧

知识点考点　全方位梳理

最新考试真题　精选汇编

一线专家预测押题　考点题型精准分析

直到棕色出现，才同平常的蝉一样。假定它在早晨九点钟取得树枝，大概在十二点半，弃下它的皮飞去。那壳有时挂在枝上长达一两个月之久。

● 歌唱

金蝉脱壳，一个歌唱家诞生了。无论你是否讨厌它的歌声，你都必须承认蝉是一位用生命歌唱生活的伟大艺术家，热爱生活的程度不亚于人类。蝉的翼后空腔里带有一种像钹一样的乐器。但它还不满足，还要在胸部安置一种响板，以增加声音的强度。有种蝉为了满足音乐的嗜好，牺牲了很多。因为这种巨大的响板，使得生命器官都无处安置，只得把它们压紧到身体最小的角落里。当然了，想要委身于音乐，就只有缩小内部的器官来安置乐器了。

天气炎热，空中无风，特别是临近午时，蝉的歌声就会呈间歇的样子，中间由短暂的休止符分开。每段歌声都是突然而起，急速升高，它的腹部也开始快速收缩。洪亮的歌声持续几秒钟，渐渐降低，最后变成了呻吟，腹部也就休息了。歌声间隔的时间长短随空气的变化而定。下一次突起的歌声永远都重复着前面的唱词，蝉就这样无休止地重复着一支曲子。

有时，特别是闷热的傍晚，蝉被太阳晒得头昏脑涨，便缩短了间隔的时间，甚至一直不停地唱下去，但强弱交替总是有的。蝉一般从早晨七八点开始唱起，直到晚上八点左右，夜幕沉沉时才会停止。整场音乐会持续12个小时左右。不过，阴天或凉风吹来时，蝉便显得很安静，也不歌唱了。

那么蝉歌唱的目的是什么呢？有人说，这是雄蝉在召唤伴侣，是为情人举办的音乐会。但我对这个答案的合理性表示怀疑。15年来我无法选择和蝉为邻，虽然我讨厌它们的歌声，但却一直热情仔细地观察它们。我看见它们

栖息在梧桐树枝上，仰着头，雌雄混杂，近在咫尺。一旦把吸管插进树皮，就美滋滋地吸起来，一动不动。日转树影移，蝉也绕着树移，但总是朝最热最亮的方向移。不管在吸吮还是移动时，它们的歌声一直不断。

所以我怀疑这无休无止的歌唱不是对爱情的召唤。我从没看到雌蝉听到歌声跑向最洪亮的乐队里去。作为婚礼的序曲，视觉足够用，根本无须听觉去表白爱情，而且根本也不需要求婚者这样没完没了地表白爱情，因为求婚的对象就在它的身旁。当情人们尽情奏响音钹时，我也从没有发现过雌蝉曾表示过任何的满意，丝毫没有扭动或摇摆等表示爱意的动作。

我听周围的村民说，蝉的歌声是为了给收割的他们鼓动，希望他们赶快收割。获取思想的人和获取庄稼的人一样，都须工作，一个是为了生命的面包，一个是为了智慧的面包。我只能说这是他们善意的臆说或自我良好的感觉。

科学家希望解开这个谜，但蝉对我们人类是全封闭的，根本不让我们捉摸它，我们也无法捉摸透它。甚至连音钹发出的声音在蝉身上产生的感受都无法猜透。我只能下这样的结论：雌蝉无动于衷的外表似乎只能表明它对歌声无所谓。昆虫的内心情感比我们人类更深不可测。

蝉的视觉非常锐利，它大大的复眼能观察到左右两侧发生的事情，它的三只单眼好像望远镜，能观测到头上的空间。蝉只要看见我们走近，就会马上飞走。但如果我们站在它看不到的地方，我们说话、吹哨、拍手，就是以石块相击，它也不会有任何动作而继续鸣叫，这只能说蝉的听觉迟钝。

我做过多次实验，这里只提最难忘的一次。我借了镇上的炮，就是节日里鸣放礼炮而用的炮。炮手像在盛大节日狂欢时那样在两座炮里塞满火药。为了避免震碎玻璃，我把窗户敞开，根本无须伪装，把炮放在我家门口的梧桐树下，在树上高歌的蝉没有看到树下发生的事。

我们六个人仔细观察了歌手的数量，歌声的亮度和旋律，时刻注意观察

空中歌唱家们会发生什么变化。开炮后，巨大的爆炸声并没有改变蝉的歌唱，也未引起它们情绪的波动，蝉数未变，歌声依旧。炮手又放了第二炮，情况一样。蝉的听觉如此迟钝，用一句著名俗语形容它再恰当不过：叫喊的聋子。

假如有人对我说，蝉的歌声不是为了后代，仅仅是为了解闷，为生活中的某种情趣，我会乐意接受。或许蝉像我们人类一样离不开太阳，但同样讨厌闷热的天气，而它正是通过歌唱解闷。但这并未被科学证实，希望你将来有能力来完成。

感悟·思考

1.仔细阅读全文，说说蝉有几种发音器官？

2.作者是怎样证明蝉是听不见声音的？

3.作者为了了解昆虫的习性所做的实验带给我们哪些启示？

第六章 辛勤忙碌的泥水匠蜂 [精读]

名师导读

舍腰蜂可是个谨慎的家伙，它不仅身材美丽动人，头脑也非常聪明，那它是不是就没有什么可害怕的东西了？整天忙忙碌碌，它们的巢又是怎样一番景象呢？

名师点评

阅读提示

开篇运用设问设置悬念，在读者心中留下疑团，激发读者的阅读兴趣。

选择造屋的地点

很多种昆虫都非常喜欢在我们的屋子旁边建筑它们的巢穴，在这些昆虫中最能够引起人们兴趣的，首推那种叫舍腰蜂的动物了。为什么呢？主要原因在于，舍腰蜂有着十分美丽而动人的身材，非常聪明的头脑，还有一点应该注意的就是它那种非常奇怪的巢。但是，知道舍腰蜂这种小昆虫的人却是很少的。甚至有的时候，它们住在某一家人的火炉旁边，但是，这户人家对这个小邻居竟然都一无所知。为什么呢？主要是由于它那种与生俱来的安静而且平和的本性。的确，这个小东西住得十分隐蔽，很难引起人们的注意。因此，连它的主人都不知道它就住在自己的家里，时间久到甚至算得上

是家庭成员之一。然而，讨厌吵闹，而且特别怕麻烦的人类，和这些隐蔽性很强的小动物相比，要想使它出名，倒是件很容易就能做到的事情。现在，就让我来把这个谦逊的、默默无闻的小动物，从不知名者中点拨出来吧！

舍腰蜂是一种非常怕冷的动物。它总在太阳光下建筑自己的安乐之居。甚至有的时候，为了它们整个家族的需要，为了让大家都觉得比在阳光下更加温暖舒适一些，它们常常找到我们人类的门上，要求和我们一起做伴。不用敲开人们的大门，询问一下主人是否同意它们和大家同住在一个屋檐下，便自作主张，举家迁移进来，并且定居下来享受生活。舍腰蜂平常的居所，主要是农夫们一些单独的茅舍。在那茅屋的门外，大都生长着高大挺拔的无花果树。这些果树的树荫遮盖着一口小小的水井。舍腰蜂在具体确定它的住所的时候，主要会选择一个能够暴露在夏日里的炎热下的地点，并且，如果有可能的话，最好能够有一只大一点儿的火炉，还要有一些能够燃烧使用的柴火，这些条件对于舍腰蜂而言都是必要的，不可缺少的，这是由它的天性所决定的。到了寒冷的冬天的夜晚，火炉中喷射出来的温暖无比的火焰，对于它的选择，有着十分重要的影响力。因此，每当看到从烟筒里面出来的黑炭，舍腰蜂就会欣喜若狂，因为它们知道那里便是一个可以考虑选择的地方。因为，那里将会提供给它所必需的温暖与安逸。但

名师点评

我的点评

我的点评

名师点评

是，相反的，要是烟筒里面并没有什么黑炭的话，那么它是绝对不会信任这种地方的，也绝对不会选择这样的地方来建筑自己的家。因为舍腰蜂会利用它的头脑作出判断，这间屋子里的主人们一定是在里面忍受着饥寒交迫的悲惨境遇。

我的点评

在七八月里的大暑天中，这位小客人，忽然出现了。它在找寻着适合做窠的地点。舍腰蜂一点儿也不为这间屋子里面的喧闹行为所惊动和扰乱。而住在屋子里的人们也一点儿都注意不到它。他们互相都没有注意到，因此也就互无干扰了。舍腰蜂只不过在有的时候，利用它那尖锐的目光，有的时候，又利用它那灵敏十足的触须，视察一下已经变得乌黑的天花板、木缝、烟筒等。但是，特别受到它关注的是火炉的旁边。这是它从不轻易放过的地方。甚至，它连烟筒内部都要仔仔细细地视察一遍。它可是一种细致入微的小动物，一旦视察工作完毕，并且已经决定了建巢的地点以后，它们便立即飞走了。然后，不久就会带着少量的泥土又飞回来，开始建筑它的房子的底层了。于是，筑造家园的工作便正式破土动工了。

阅读提示

寥寥几笔，写出了舍腰蜂的特征和生活环境。

我的点评

舍腰蜂所选择的地点各不相同，也是非常奇怪的一个特点。炉子内部的温度最适合那些小蜂了，因此，舍腰蜂所中意的地点，至少得是烟筒内部的两侧，其高度大约是二十寸或者差不多的地方。不过，尽管这个地点可以说是一个非常舒服的藏身之妙处，但是，世上没有十分完美的东西，它也有不少的缺点。由于巢是建在烟筒的内部的，那么自然便会有烟在里面。如果烟喷到蜂巢上面，巢中的舍腰蜂就会被“污染”了，会被弄成棕色的或者是黑色的，就好像烟筒里被熏过的砖石一样。假使火炉里的火焰烧不到蜂巢，那还不是一件最要紧的事。最重要的事是小黄蜂有可能被闷死在黏土罐子里。不过，不用替它们担心，它们的母亲似乎早就已经知道这些事情了，因为这位母亲总是把它自己的家族安排在烟筒的适当位置上。它们选定的位置非常宽大，在那个地方，除了烟灰以外，其他的东西都是很难到达的。

虽然舍腰蜂样样都当心，时刻都仔细、谨慎。但是“智者千虑，必有一失”。它如此认真，但还是有一件很危险的事情在等待着它们。这件事有的时候会发生，那就是当舍腰蜂正在建造它的房屋的关键时刻，有一阵蒸汽或者是烟幕的侵扰，那么，它刚刚造成一半的房子，便不得不半途而废。于是，它们要么停工一些时候，要么就全日停工不干。特别是在这家的主人在煮、洗衣服的时间，这种事情发生的可能性最大，危险性也最大。一天从早到晚，大盆子里不停地滚沸着，炉灶里的烟灰、大盆和木桶里面的大量蒸汽，一起混合成为浓厚的云雾，这给蜂巢造成了严重的威胁。这个时候舍腰蜂就会面临着家毁人亡的危险。

我以前曾经听别人说过，河鸟在回巢的时候，总是

名师点评

阅读提示

即便有被闷死的可能性，舍腰蜂还是将巢建在烟筒里，而且总能找到合适的位置，与上文中提及的它怕冷但聪明的形象相呼应，行文严谨、自然。

写作借鉴

用转折复句承上启下，过渡自然；成语运用准确恰当，比拟形象生动。

名师点评

我的点评

写作借鉴

运用设问修辞，启发读者思考，增强了文章内容的说服力。

我的点评

要飞过水坝下的大瀑布。这一点听起来会让人觉得河鸟已经算得上是一种相当有勇气、有胆量的小动物了。但是，与之相比的舍腰蜂也毫不示弱，甚至，它的勇敢已经超过河鸟。它在回巢的时候，牙齿间总是要含着一块用于建造巢穴的泥土。要想到达它的施工工地，它必须要从浓厚的烟灰的云雾中穿越过去。但是，那层烟幕太厚重了，舍腰蜂冲进去以后，就完全看不见它那小小的身影了。虽然看不见它那小小的躯体，但是能够听见一阵不太规则的呜呜的声音。这是什么声音呢？这不是别的什么声音，这是它在一边工作，一边低唱的歌声。因此，我们可以断定，舍腰蜂肯定还待在里面，而且它很快乐，高高兴兴地从事着它的本职工作，不知劳苦地建筑着它自己的住所。看得出来，它对自己的劳动很满意，也很乐意从事这项工作，在这层厚厚的云雾里，它很神秘地进行着它自己的工作。忽然，低低的劳动之歌停止了。不一会儿它飞出来了，从那层充满神秘色彩的浓雾里飞出来了，它安然无恙，什么伤也没有。毕竟这是它的本能嘛！差不多每天它都要经历很多次这种十分危险的事情，直到巢最终建好，把食物都储藏好，最后把自家的大门关上为止。然后，它才休息一下。这个小东西为了自己的家园也真够不辞辛苦的了！

每一次，只有我一个人能够看到舍腰蜂在我的炉灶里不停地忙碌着，建造住所，储备食物。这大概是因为我比较细心。记得我第一次看到它们的时候，是一天我

在煮、洗衣服的时候。本来，那个时候我是在爱维浓（Avignon）学院里教书的。那天，时间已近两点钟了，几分钟之内，外面就会敲鼓催促我去给羊毛工人们做演讲了。就在这个时候，忽然，我看见了一个非常奇怪而且轻灵的小昆虫。它从由木桶里升腾起来的蒸汽中穿飞出来。这只小动物的身体很有意思，当中的部分非常的瘦小，但是后部却是非常肥大的，而这两个部分之间，竟然是由一根长线连接起来的。多么奇妙的小东西啊！这个小东西就是舍腰蜂，这是我第一次没有用观察的眼光来看它。于是，便有了第一印象。

在初次相识之后，我对家里的这个小客人一直抱有非常浓厚的兴趣。我非常热心地希望能和这个小不点儿客人互相熟识，作一些交流。于是，我便嘱咐我的家人，在我不在家的时候，不要去主动打扰它们，破坏它们的正常生活。瞧，我多么注意保护这个没有受到邀请的不速之客呀！事情发展的良好态势已然胜过了我所希望的那样。当我回到家里的时候，发现它们一点儿也没有受到打扰，而且一个个都安然无恙，仍然待在蒸汽的后面，努力地进行着自己的工作，为自己的家而辛苦。由于我想要观察一下舍腰蜂的建筑才能以及它的建筑，还有它的食物的性质，以及幼小的黄蜂的进化及其生长过程等等，因此，我把炉灶中的火焰给弄灭了。我这样做的目的主要是为了减少烟灰的量。将近两小时里，我非常仔细地注视着它。

名师点评

写作借鉴

动作、外貌描写生动具体，栩栩如生地再现了当时的情景，同时也让读者对舍腰蜂的身体形状有了比较清晰的认识。

我的点评

名师点评

但是，从这以后，不知道是什么原因，将近四十年来，我的屋子里，再也没有这样小的客人光临了，一点儿也见不到它们的踪影了。有关舍腰蜂的进一步的知识，我还是从我的邻居家的炉灶旁边的蜂巢里得出来的。

阅读提示

作者道出了细心观察的精髓，就是要努力发现同类事物之间细微的差别。

通过细心观察我发现，在这个小小的动物身上，有一种十分孤僻的流浪的习性。这一点使得它和其他大多数黄蜂，以及蜜蜂是不尽相同的。一般情况下，它总是选择好一个地点，自己筑起一个显得特别孤独的巢穴。同时，在舍腰蜂自己养活自己的地方，是很少能见到它自己家族的成员及亲属的。在距离我们城南不远的地方，经常可以看到这种小动物。但是，这个小东西，宁愿挑选农民那充满烟灰的屋子里的炉灶来筑造自己的小家，也不喜欢那些城镇居民的雪白的别墅里的炉灶。我所到过的任何地方所看到的舍腰蜂，都没有像我们村里这么多的。与此同时，我们村里的屋子都很有特点。我们村上的茅屋都有一定的倾斜性，而且茅屋都被日光晒成了黄色，这使得它们看上去都很有特色。

我的点评

事实是很明显的，舍腰蜂选择烟筒作为自己的住所，这一点是毋庸置疑的了。但是，它之所以为自己选择这样一个地方，倒并不是意味着它贪图安逸与享乐。因为，很显然，选择这样的地方可不是什么特舒服的地方。这种地方更需要这种小动物加倍地努力，具备更多的才能。而且，在这种地方工作，是有很大危险性的。因为时常有险情发生，需要冒一定的危险，甚至是生命的危险。从这一

点来看，说它选择烟筒建巢是为了安逸，那可真的要大大地冤枉了我们这位小客人了。

它选择这样的地点来筑巢建穴，主要意图还完全是为了它的整个家族来考虑的，而并非出于私利。它不希望只是自己舒服就可以了，应该是大家共同享福，共同舒适，那才是它们真正要达到的目的。因而可以说，舍腰蜂还是一种比较热爱家庭的动物，家庭责任感很强。当然了，舍腰蜂选择烟筒还有一个很重要的原因，那就是舍腰蜂及它的家族成员对温度的要求比较高，这是本能的需求，它们的住所必须建在很温暖的地方，这一点和其他的黄蜂、蜜蜂是很不相同的。

我记得有一次去一家丝厂，在那里我见到过一个舍腰蜂的巢。它把自己的巢建在机房里，并且为自己选择了刚好是在大锅炉的上面的天花板上的一个地方。看来，它真是独具慧眼啊！它为自己选择的这个地点，整个一年，无论寒暑，也无论春夏秋冬的变迁，温度计所显示出的温度，总是不变的一百二十度，只是要除去晚上的时间，还有那些放假的日子。很显然，在这些日子里，锅炉并没有加热，所以，温度当然会随之有所变化的。这个事实很明显地告诉我们，这个小小的动物对温度真是要求很高啊！而且，它也是个非常会为自己挑选地点的家伙。

还有，在乡下的那些蒸酒的屋子里，我也曾经不止一次地看到过舍腰蜂的巢穴。而且，凡是那些可以选择

名师点评

阅读提示

夹叙夹议的写法，在解说阐释的同时，也是从侧面对自己的价值观和人生态度的表达。

我的点评

名师点评

我的点评

阅读提示

设问修辞的运用，起到很好的引导读者注意和思考问题的效果，突出了舍腰蜂对于巢穴地点选择的要求，使文章起波澜，有变化。

的、方便它们安居与行动的地方，都已经被它们占满了。甚至，连那些账簿堆积的地方，都被它们占据下来了。蒸酒房里的温度，和刚才提到的丝厂里的温度相差不多，大约有一百一十三度。这些温度值再次告诉我们，这种舍腰蜂甚至足可以在那种使油棕树生长的热度下生存。

这样看来，锅，还有炉灶，当然也就很自然地成了舍腰蜂最理想的家的首选了。但是，除了这些首选地方以外，舍腰蜂也不厌弃其他可供选择的地点。它非常希望居住在任何可以让它觉得舒适、安逸的角落里。比如说，在养花房里，在厨房的天花板上，可关闭窗户的凹进去的地方，还有就是茅舍中卧室的墙上等等。至于建造自己窠巢的地基，这一点，它并不放在心上。为什么呢？因为，在平常，它的多孔的巢穴，一般都是建筑在石壁或者是木头上的。这些地方相对而言，还是比较坚实的。因而，它们似乎并不是很关心房屋的基础。不过，也有的时候我曾经看到过它把自己的巢筑在葫芦的内部，或者在皮帽子里，砖的缝隙之中，或者是装麦子的空袋子里，还有的时候，它把巢建在铅管里面。

记得有一次，我在接近学院的一个农夫的家里所看到的事情，更让人觉得特别新奇。在这个农夫的家里，有一个特别宽大的炉灶，在炉灶上的一排锅里，正煮着农工们要喝的汤，还有一些供牲畜们食用的东西。过了一会儿，工人们都从田地里收工回家了。累了一天，他们的肚子肯定饿坏了。回来后，他们便迫不及待地、不声不响地，在一边非常迅速地吞食着他们的食品。为了享受休工用饭这大约半小时的舒适，他们干脆摘下了戴在头上妨碍吃饭的帽子，脱去了上衣，随手把它们挂在一个木钉上。这吃饭的时间，对于农工们而言，虽然是短暂的，但是，要是让舍腰蜂去占据工人们刚刚脱下的衣物，却又是绰绰有余的了。在这些衣物中、草帽里边，被它们视为最合适的地方，它们抢先去占领它。那些上衣的褶缝，则被视为最佳的地点。与此同时，舍腰蜂的建筑工作也就马上破土动工。这时，一个工人已经吃完了他的饭，从饭桌旁边站了起来，抖了抖他自己的衣服。另外一个人也站起来，走了过来，摘下自己的草帽，也抖了一下。这样几下抖动便去掉了舍腰蜂刚刚初具规模的蜂巢，就是在这个时候，在这么短暂的时间里，它的蜂巢居然已经有一个橡树果子那样大了，真让人始料不及。它们可真是一些让人惊奇的小动物。

那个农夫家，有一位专门烹调食物的女人。她对于舍腰蜂这种动物可是一点儿好感也没有。她抱怨说这些可恶的小东西常常跑出来，弄脏了许多东西。天花板、墙壁，还有烟筒上，经常被涂满了泥，非常烦人，打扫起来很费力气的。但是，在衣服和窗幔上，情况就大不相同了。这个女人每天都会用一根竹子，使劲地敲打窗幔，以保持它的清洁。所以，在这些地方情况会稍好一些，略微干净一些。但是，驱逐这些扰人的小动物是多

名师点评

我的点评

阅读提示

在这么短的时间竟能筑起橡树果子般大的巢，可见舍腰蜂的勤劳，呼应了文章主题。

名师点评

么不容易啊！赶走了一次，第二天早晨它又会跑回来做巢。它可真是个执着的小家伙，总是不厌其烦地从事着它的本能工作。

● 它的建筑物

事实上，我也非常同情这个农家的厨役，很能理解她的烦恼。但是，我同时感到遗憾的是，我不能代替她的位置。对此，我无能为力。如果，我能够以某种力量，使得这种小动物安安静静地固定地在某一稳定的地点建屋居住，那该有多好啊，我肯定会特别高兴的。这样一来即便它把家具弄满了泥土，那也是不碍事的！我更希望能够知道它的那种巢的命运。如果这个巢是做在不太稳固的东西上，比如，在衣服上，或是在窗幔上，那么它们该怎么办呢？

阅读提示

作者内心深处对小昆虫们的热爱和关心之情表露无遗。

泥水匠蜂的巢是利用硬的灰泥制作而成的。一般它的巢都围绕在树枝的四周。由于是灰泥组成的，所以它就能够非常坚固地附着在上面。但是，泥水匠蜂的巢只是用泥土做成的，没有加水泥，或者是其他什么更能让它坚固的基础。那么，它怎么解决这些问题呢？

我的点评

建筑上的材料，并没有什么特殊的。只是潮湿的泥土，从那种湿地上取来的。因此，河边的黏土是最合适的选择。但是，在我们这样一个多沙石的村庄里面，河道非常的少。然而在我自己的小园子里，我在种植蔬菜

名师点评

我的点评

我的点评

的区域里，挖掘了一些小沟渠，以便更好地种植。因此，有的时候，有一点儿水，便会整天在沟里流。因而，这里便经常会有舍腰蜂的身影出没。它们在这里选择适宜的泥土，于是在无事可做的时候，我就可以观察这些建筑家了。这里倒是一个很好的观察地点。

临近沟渠的时候，它当然就会注意到这件可喜的事情，于是就匆匆忙忙地跑过来取水边这一点点十分宝贵的泥土。它们不肯轻易放过这没有湿气的时节极为珍稀的发现。那么它们是怎样掘取这里的泥土的呢？它们用下颚刮取沟渠旁边那层表面光滑的泥，足直立起来，双翼还振动着，把它那黑色的身体抬举得相当的高。我的管家妇在这泥土的旁边做工。她把她的裙子非常小心谨慎地提起来，以免弄脏了。但是事实上，却很少不沾上污渍。可是这样一群不停地搬取着泥土的黄蜂，原本应该是很脏的，但是事实上它们的身上竟然连一点儿泥迹都没有。之所以会这样，它们自然有自己聪明的办法。它们会把身子提起来，这样就能使它们全身上下一点儿泥污也沾染不上。除去它们的足尖以及用于工作的下颚之外，其他的地方都看不到什么泥迹之类的脏东西。

这样，用不了多长时间，一个泥球就制作成功了。差不多能有豌豆那么大。然后，泥水匠蜂会用牙齿把它衔住，飞回去，在它自己的建筑物上再增加上一层。这项工作完成以后，它歇也不歇一下，便继续投入新的工作之中。接着飞回来，再做第二个泥球。在一天中，天

名师点评

我的点评

气最为炎热的时候，只要那片泥土未干，仍然是潮湿的，那么，泥水匠蜂的工作就会不停地坚持下去。

除了我这园中的小小的沟渠边这片潮湿的泥土以外，在村子里，最好的地点，就是村里的人牵着驴子去饮水的那片泉水旁边了。在这个地方，无论什么时候都有潮湿的黑色的烂泥。哪怕是那种最热的太阳，最强烈的风，都不可能把这片泥土吹干。这种泥泞不堪的地方，对于那些走路的人来说，是非常不方便的，也是极不受欢迎的。然而，舍腰蜂却是不一样的。它非常喜欢到这个地方来，因为这里的泥土质量非常好，它也很喜欢在驴子的蹄旁做小泥丸。每次它都有收获。

和泥水匠蜂这位黏土建筑家不一样，黄蜂并不把泥土先做成水泥，它就这样把现成的泥土拿走，直接应用于建筑。所以，黄蜂的巢建造得很不结实，更不稳定，完全不能抵挡气候的千变万化。只要有一点儿水滴落上去，蜂巢就会变软，变成了和原来一样的泥土。要是有一阵狂风大雨的话，它的巢穴就会被打成泥浆。这主要是因为，这种蜂巢实际上只不过是由干了的烂泥做成的，一旦浸了水以后，就会马上变成和原来一样的软泥，自然巢穴也就不复存在了，黄蜂还得再次辛苦重建家园。

阅读提示

运用对比的手法，写出了黄蜂与舍腰蜂在筑巢上的差别，突出了舍腰蜂的勤劳与能干。

事实是很显然的，即便是幼小的舍腰蜂一点儿也不惧怕寒冷，不怕雨水把蜂巢打得粉碎，那蜂巢也必须建在避雨的地方。这就是为什么这种小动物喜欢选择人类

居住的屋子，特别是选择在温暖的烟筒里面来建筑自己的住所的缘故。看来，安全是很重要的。

在最后一项装饰工作——那遮盖起它辛苦建造的建筑的各层——还没有完全成功之前，舍腰蜂的巢确实具有一种非常自然的美。一些小巢穴，有的时候它们互相并列成一排，那种形状有一点儿像口琴。不过，那些小巢穴，还是以那种互相堆叠起来成层的居多。有的时候，数一下有十五个小巢穴；有的时候，有十个；有时，又减少至三四个，甚至仅有一个。

舍腰蜂的巢穴的形状和一个圆筒子差不多。它的口稍微有点儿大，底部又稍小一些。大的有一寸多长，半寸多宽，蜂巢有一个非常别致的表面，它是经过了非常仔细的粉饰而形成的。在这个表面上，有一列线状的凸起围绕在它的四周，就好像金线带子上的线一样。每一条线，就是建筑物上的一层。这些线的形状，是由于用泥土盖起每一层已经造好的巢穴而显露出来的。数一数它们，就可以知道，在黄蜂建筑它的时候，来回行了一共有多少次。它们通常是十五层到二十层之间。每一个巢穴，这位辛辛苦苦的不辞辛劳的建筑家在建筑它时，大概需用二十次来往反复搬运材料。可见，它们有多么勤劳！

蜂巢的口当然是朝着上面的。如果一个罐子的口是朝下的，那么，它还能盛下什么东西呢？当然什么也盛不下了。道理也就在这里。黄蜂的巢穴，也并不是什么

名师点评

写作借鉴

运用比喻，将抽象的东西形象化，方便读者理解。

阅读提示

作者不是泛泛称赞蜂的勤劳，而是用客观的数据来说明，令人信服。

名师点评

我的点评

特殊的东西，不过就像一个罐子而已，其中预备盛储的食物便是：一堆小蜘蛛。

这些巢穴一一建造好了以后，黄蜂便往里面塞满了蜘蛛。等它们自己产下卵以后，便把它们全部封闭好。但是，这时候，它依然保存着美观的外表。这种外表一直要保持到黄蜂认为巢穴的数量已经足够多了的时候为止。于是，黄蜂会把整个巢穴的四周，再堆上一层泥土，以便使它更加坚固一些。这一次黄蜂在工作时，也不进行什么周密的计算了。因此，它做得特别不精巧，更不像从前做巢那样，铺加以相当的修饰之物。黄蜂能带回多少泥土，就往上面堆积多少泥土。只要能够堆积得上去就可以了，再没有更多的修补、装潢的动作了。泥土一旦取了回来，便堆放到原来的巢穴上面。然后，就那么漫不经心地轻轻地敲几下，使得这些泥土可以铺开。这一层包裹物质，一下子把建筑物的美观统统都掩盖住了。这最后一道工序完成以后，蜂巢的最后形状就形成了。此时此刻的蜂巢就好像是一堆泥，一堆人们抛掷到墙壁上的泥。

● 它的食物

阅读提示

该自然段承上启下，使文章保持连贯性。

现在，我们都已经很清楚这个装食物的罐子是怎样形成的了。接下来，我们必须知道的是，在这个罐子里边，究竟都隐藏了一些什么东西。

名师点评

幼小的舍腰蜂，是以各种各样的蜘蛛作为食物的。甚至，在同一蜂巢中，其食品的形状各不相同，因为，各种各样的蜘蛛，都可以充当食品，只是个头不要过大，否则就装不到罐子里去了。在幼蜂的各种食品中，那种后背上有三个交叉着的白点的十字蜘蛛，是最为常见的美味佳肴。这其中的理由，我觉得应该是很简单的。因为，黄蜂不是那种跑到离家很远的地方去千里迢迢地捕猎食物的动物，它不过经常在住所的附近地区游猎而已。而在它的住宅的近区内，这种有交叉纹的蜘蛛是最容易寻找得到的。

我的点评

对于幼蜂而言，那种生长着毒爪的蜘蛛，要算是最最危险的野味儿了。假使蜘蛛的身体特别大，就需要黄蜂拥有更大的勇气和更多的技艺，才能够征服它。这可不是一件容易的事情！而且，蜂巢的地方太小，也盛不下这么大的一个东西。所以，黄蜂只得放弃猎取大个儿的蜘蛛，不去干这种费时、费力、又不讨好的傻事。还是更实际些吧。于是，它只得选择去猎取那些较小一些的蜘蛛为食。如果，它偶然碰上一群可以猎食的蜘蛛，那么它总是很聪明，从来也不贪多，只选择其中最小的那一个。但是，虽然幼蜂个头儿都是较小，但它的俘虏的身材却差别比较大。因此，大小的不同，就会影响到数目的不同。在这个巢穴里面，盛有一打蜘蛛，而在另外一个巢穴里面，只藏着五六个蜘蛛。

我的点评

黄蜂专选那些个儿小的蜘蛛，还有一个理由，那就

名师点评

阅读提示

动作描写生动具体，活灵活现地再现了黄蜂猎食的过程。对比手法突出了黄蜂猎食方法的独特性。

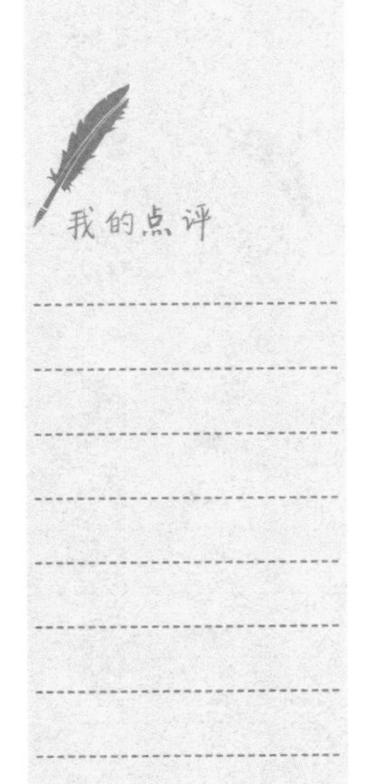

是，在它还没有把猎物装入它的巢穴里之前，它先得把那个蜘蛛杀死。它所要采取的行动，有以下几步：先是突然一下子落到蜘蛛的身上，以快取胜，差不多连翅膀都还没来得及停下来，就要把这个小蜘蛛带走。其他的昆虫所采用的什么麻醉的方法等等，这个小动物可是一点儿也不知道。这个小小的食物，一旦被储藏起来，就很容易变坏。幸好这个蜘蛛的个子小，一顿就可以把它全部吃掉。要是换一只大一些的蜘蛛，一顿是不可能吃完的，只能分成几次吃。这样的话，蜘蛛是一定要腐烂的，而烂了的食品就会毒害巢里其他的幼虫，这对整个家族是不利的。

我经常能够看到，黄蜂的卵并不是放在蜂案的上面，而是在蜂案里面储藏着的第一个蜘蛛的身上。完全没有什么例外。黄蜂都是把第一个被捉到的蜘蛛放在最下层，然后把卵放到它的上面，再把别的蜘蛛放在顶上。用这种聪明的办法以后，小幼虫就能先吃掉那些比较陈旧的死蜘蛛，然后再吃比较新鲜的。这样一来，蜂案里面储藏的食物也就没有足够时间变坏了。这不失为一种安全的办法。

蜂的卵总是放在蜘蛛身上的某一部分。蜂卵包含头的一端，放在靠近蜘蛛最肥的地方。这对于幼虫是很好的。因为，一经孵化，幼虫就可以直接吃到最柔软、最可口、最有营养的食物了。这是个很聪明的主意。应该说，大自然赋予了黄蜂一种相当巧妙的天性。这样一个有经济头脑的动物，一口食物也不会浪费掉。等到它完全吃光这些蜘蛛的时候，一堆蜘蛛就什么也剩不下来了。这种大嚼的生活要经过八天到十天之久。

在一顿美餐之后，蛴螬就开始做它的茧了。那是一种纯洁的白丝袋，异常精致。还有一些东西，能够使这个幼虫的丝袋更加坚实。这些东西，可以用作保护之用。于是，蛴螬就又从它身体里生出一种像漆一样的流质。这种流质慢慢地浸入丝的网眼里，然后渐渐变硬，成为一种光亮的保护漆。此时，幼虫又会在它正在做的茧下面增加一个硬的填充物，使得一切都十分妥当。

这一项工作完成以后，这个茧呈现出琥珀的颜色，很容易让人联想到那种洋葱头的外皮。因为，它和洋葱头有着同样细致的组织，同样的颜色，同样的透明感，而且，它和洋葱头一样，如果用指头摸一摸，便会立即发出沙沙的响声，完整的昆虫就从这个黄茧里孵化出来。早一点儿或是迟一点儿，这要随气候的变化而有所不同。

当黄蜂在蜂巢中把东西储藏好以后，如果我们打算和它开一次玩笑的话，它就立刻会显露出黄蜂的本能是如何的机械了。

在它辛辛苦苦地把自己的巢穴做好以后，便带回了它的第一个蜘蛛。黄蜂会马上把它拖进巢里，然后收藏起来，立刻，又在它的身体最肥大的部位产下一个卵。做好了这一切以后，它便又飞了出去，继续它的第二次

名师点评

我的点评

阅读提示

用“洋葱头”这种生活中常见的事物进行类比说明，便于读者理解和感知。

名师点评

野外旅行和捕猎。当它不在家里的时候，我从它的巢穴里，把那只死蜘蛛连同那个卵一起都取走了。就算和黄蜂开个小小的玩笑吧。不知道它会有什么样的反应。

我们很自然地就会想到，如果这个小动物稍微有一点儿头脑的话，那么，这个蜘蛛和卵的失踪，它是一定能够发觉到的，而且应该会感到奇怪的！蜂卵虽然是小的，但是，它是被放在那个大的蜘蛛的身体上的。那么，当我们的这个小东西回来以后，发现巢穴里面是空的，它会怎么做呢？将有什么举动呢？它将很有理智地行动，再产下一个卵，以补偿它所失去的那一个吗？事实上都不是，它的举动是非常不合情理的。

写作借鉴

一连串按人的正常思维逻辑产生的疑问与猜想与下文蜂的实际行为形成对比，文章也因此显得波澜起伏。

现在，这个小东西所做的事情，只不过是又带回了一只蜘蛛，非常坦然地再次把它放到那巢穴里边去。对于其他的事情一律不理睬，就好像并没有发生过什么意外一样。似乎它根本就没有看到自己的孩子已经丢失了。那只刚刚捕获的蜘蛛也已经丢了。它没有发现这一切的不幸，也并没有表现出吃惊、诧异、着急、不知所措之类的失意的表情。这以后，居然若无其事地一只又一只地盲目地往巢里继续传带着蜘蛛。每当它把巢里的猎物和卵都安排妥当了之后，便又飞出去，继续盲目地执着地奋斗着。每次在它飞出去的时候，我都会把这些蜘蛛和蜂卵悄悄地拿出来。因此，它每一次游猎回来，储藏室里实际上总是空的。就这样，它十分固执而徒劳地忙碌了整整两天时间。它一心打算要使劲努力，无论

我的点评

如何也要争取装满这个不知为什么永远也装不满的食物瓶子。我呢，也和它一样，不屈不挠地坚持了有两天的工夫，一次又一次耐心地把巢穴里的蜘蛛和卵取出来想要看看这个执着的小傻瓜究竟要等到何时才能终结它这看起来毫无意义的工作。当这个傻乎乎的小动物完成了它第二十次任务的时候，也就是到了第二十次的收获物送来的时候，这位辛苦多时的猎人大概以为这罐子已经装够了——或许也是因为这么多次的旅行，疲倦了——于是，它便自认为非常小心而且谨慎地把自己的巢穴封锁了起来，然而，实际上，里面却完全是空的，什么东西都没有。它忙碌了这么久，事实上它根本意识不到这一点，真是让人可怜啊！

在任何情况下，昆虫的智慧都是非常有限的。这一点是毫无疑问的，无论是哪一种临时的困难，昆虫，这种小小的动物，都是无力加以很好而且迅速地解决的。无论是哪一个种类的昆虫，都同样地不能对抗。这一点，我可以列举出一大堆的例子来，证明昆虫是一种完全没有理解能力的动物。当然，同时，它也是一种不具有意识的动物。虽然它们的工作是那么异常的完备。经过长时间的经验和观察，使我不能不断定它们的劳动，既不是自动的，也不是有意识的。它们的建筑、纺织、打猎、杀害，以及麻醉它们的捕获物，都和消化食物或是分泌毒汁一样，其方法和目的完全都是不自知的。所以，我相信这样一点，即这些动物对于它们所具有的特

名师点评

写作借鉴

作者把自己的感情投注到了描写对象身上，让人产生共鸣和感动。

我的点评

名师点评

我的点评

殊的才能，完全是莫名其妙的，既不知也不觉。

动物的本能是不能改变的。经验不能指导它们，时间也不能使它们的无意识有一丝一毫的觉醒。如果它们只有单纯的本能，那么，它们便没有能力去应付大千世界，应付大自然的变化。环境是经常有所变化的，意外的事情有很多，也时常会发生，正因为如此，昆虫需要具备一种特殊的能力，来教导它，从而让它们自己能够清楚什么是应该接受的，什么又是应该拒绝的。它需要某种指导。这种指导，它当然是具备的，不过，智慧这样一个名词，似乎太精细了一点儿，在这里是不适用的。于是，我预备叫它为辨别力。

那么，昆虫，能够意识到它自己的行动吗？能，但同时也不能。如果它的行动是由于它所拥有的本能而引起的，那么它就不能知道自己的行动。如果它的行动是由于辨别力而产生的结果，那么，它就能意识到。

比如，舍腰蜂利用软土来建造巢穴，这一点就是它的本能。它常常是如此建造巢穴的，从一生下来就会。既不是时间，也不是生活的奋斗与激励，能够使得它模仿泥水匠蜂，用那种细沙的水泥去建造它自己的巢，这并不是它的本能。

阅读提示

通过列举事例和相互比较来论证昆虫本能和辨别力的关系，令人信服。

黄蜂的这个泥巢，一定要建在一个隐蔽之处，以便抵抗风雨的侵袭。最初，大概那种石头下面可以隐匿的地方就能够被认为是相当合适了。但是，当它发现还有更好的其他的地方可以选择时，便立刻去占据下来，然后搬到人家的屋子里边去住。那么，这一种就属于辨别力了。

黄蜂利用蜘蛛作为它的子女的食物，这就是它本能的一种表现。没有其他的任何方法，能够让这只黄蜂明白，小蟋蟀也是一样的好，和蜘蛛一样可以当作食物。不过假设那种长有交叉白点的蜘蛛缺少了，那它也不会让它的宝宝挨饿的。它会选择其他类型的蜘蛛，将其捕捉回来，给它的子女吃。那么，这种就是辨别力。在这种辨别力的性质之下，隐伏了昆虫将来进步的可能性。

● 它的来源

舍腰蜂又给我们带来了另外一个问题。它寻找着我们房子里的火炉的热量。这是因为它的巢穴是用软土建筑起来的，潮湿会把它给弄成泥浆而无法居住。所以，基于上述原因，它必须要有一个干燥的隐蔽场所。因此，热量，也是黄蜂生活中所必要的。

那么，它是不是一个侨民呢，或许它是从海边被卷过来的，或它是从有枣椰树的陆地来到生长洋橄榄的陆地的？如果真的是这样的话，那么它们也就自然地会觉得我们这个地方的太阳不够温暖，也就必须要寻找一些地方，比如说火炉，作为人工取暖的地方了。这样就可以解释它的习性了，为什么它能和别的种类的黄蜂有如此大的差别。而且这种蜂都是避人的。

名师点评

我的点评

阅读提示

一连串的问句，引起读者的注意，启发读者思考，起到了承上启下的作用。

名师点评

我的点评

在它还没有到我们这里来做客以前，它的生活是什么样子的呢？在没有房屋以前，它住在什么样的地方呢？没有烟筒的时候，它把蛴螬隐藏在哪里呢？

也许，当古代山上的居民用燧石做武器，剥掉羊皮做衣服，用树枝和泥土造屋子的时候，这些屋子就有舍腰蜂的足迹了。也许，它们的巢就建筑在一个破盆里面，那是我们的祖先用手指取黏土制作成的。或者它就在狼皮及熊皮做的衣服的褶缝里边筑巢。我感到非常奇怪，当它们在用树枝和黏土造成的粗糙的壁上做巢的时候，它们是否选择那些靠近烟筒的地点呢？这些烟筒，虽然和我们现在所使用的烟筒不同，但是，在不得已的时候，那些烟筒也是可以利用的。

如果说，舍腰蜂在古代的时候，的确和那些最古老的人们共同在这个地方居住过，那么它所经历和见到的进步，就真的是不少了，而且，它所得到的文明的利益也真正是不少了。它已经把人类不断增进的幸福转变成自己的了。当人类社会发明出在房屋的屋顶上铺天花板的法子，想出在烟筒上加上管子的主意以后，我们便可以想象得到，这个怕冷的动物就会悄悄地对自己自言自语道：

阅读提示

动物的自言自语使文章呈现了童话般的趣味。

“这是如何的舒适啊！让我们在这里撑开帐篷吧！”

但是，我们还应该追究得更远一些。在小屋没有出现以前，在壁龛也不常见之前，甚至是在人类还没有出现之前，舍腰蜂又是在哪里造房子的呢？这个问题，当然不是一个孤立的问题。我们还可以提出这样的问题：燕子和麻雀在没有窗子、烟筒等东西以前，它们又是在哪里筑巢的呢？

燕子、麻雀、舍腰蜂是在人类出现以前就已经存在了的动物。显然，它们的工作是不依靠人类劳作的。在还没有人类的时候，它们各自必定已经具有了高超的建筑技艺了。

三四十年来，我常常问自己，在那个时候舍腰蜂住在哪里的问题。

在我们的屋子外面，我们找不到它们的窠巢的痕迹。在房子外边，在空旷的广场，在荒丘的草地里，我们都没有找到舍腰蜂的住处。

但是，最后，我长时间的研究结果表明，一个帮助我的机会出现了。

在西往南的采石场上，有许多碎石头子和很多的废弃物，堆积在这里有很长时间了。据说已经有几百年的时间了。在这个乱石堆上，沉积了几个世纪的污泥。几百年的风风雨雨中，将这些乱石堆就这样摆在人类面前。田鼠也在那里生活着。在我寻找这些宝藏的时候，我有三次发现了在乱石堆中的舍腰蜂的巢。

这三个巢与在我们屋子里发现的完完全全一个样，材料当然也是泥土，而用以保护的外壳，也是相同的泥土。

这个地方的危险性，并没有促使这位建筑家有丝毫一点儿的进步。我们有时——不过很少——看到舍腰蜂

名师点评

我的点评

阅读提示

运用转折句过渡，起到了启下铺垫的作用。

名师点评

我的点评

的巢筑在石堆里和不靠着地的平滑的石头下面。

在它们还没有侵入我们的屋子以前，它们的巢一定是建筑在这类地方的。

然而，这三个巢的形状，是很凄惨的，湿气已经把它们给侵蚀坏了，茧子也被弄得粉碎了。周围也没有厚厚的土保护着它，它们的幼虫也已经牺牲了——已经被田鼠或别的动物吃光了。

这个荒废的景象，使我惊疑地来到我邻居的屋外。是否能够真为舍腰蜂建巢的地点，挑选一个适当的位置呢？事实很显然，母蜂不愿意这么做，并且也不至于被驱逐到这么绝望的地步。同时，如果气候使它不能从事它祖先的生活方式，那么，我可以断言，它就是一个侨民。它很可能是从遥远的异国他乡侨居到这个地方来的侨民。也可能是另一种移民，那种背井离乡的移民。也可能是难民，为了生计，不得不远走他乡，被其他地方收养的难民。

事实的确如此，它是从炎热的、干燥的、缺水的、沙漠式的地方来的，在它们那里，雨水不多，雪简直是没有的。

我相信，舍腰蜂是从非洲来的。

很久以前，它经过了西班牙，又经过了意大利，来到了我们这里，它可以说得上是千里迢迢，也可以说它是不远万里、不辞辛苦地到我们这里来。

它不会越过长着洋橄榄树的地带，再往北去。它的

阅读提示

通过一系列逻辑严谨的假设和求证，作者得出了自己的结论，很有说服力。

祖籍是非洲，而现在它又归入了我们布曼温司。

在非洲，据说它常把巢穴建筑在石头的下面，而在马来群岛，听说也有它们的同族、同宗，它们是住在屋子里的。

从世界的这一边，来到世界的那一边，从世界的南边来到世界的北边，从地球的南边——非洲，来到地球的北边——欧洲！最后又来到马来群岛。它的嗜好都是一个样的：蜘蛛、泥巢，还有人类的屋顶。

假如我是在马来群岛，我一定要翻开乱石堆，翻找它居住的巢穴。这时，我会很高兴地在一块平滑的石头下面，发现它的巢穴，发现它的住所——原来它的位置，就在这些石头的下面。

名师点评

我的点评

我的点评

品读·理解

本章介绍的是一种叫作舍腰蜂的昆虫。根据它造屋筑巢的特性，作者亲切地称呼它为“泥水匠蜂”。文章从四个方面：选择造屋的地点、它的建筑物、它的食物、它的来源等为我们详细描述了舍腰蜂的特点、生活习性、本领和来源。通过阅读，我们了解到舍腰蜂有着美丽而动人的身材、聪明的头脑，它十分怕冷，喜欢将巢建在温暖的烟囱、炉灶里；它是位黏土建筑家，手艺不凡，巢穴建得美观而坚固；它的食物是各种各样的蜘蛛。通过考证，作者确信舍腰蜂的祖籍是炎热、干燥、缺水的非洲。

感悟·思考

1.文章围绕哪四个方面来展开对“泥水匠蜂”的描写？

2.作者是用什么写作手法来考证舍腰蜂的来源和祖籍的？

第七章 蜜蜂、猫和红蚂蚁

名师导读

蜜蜂、猫和红蚂蚁，这三种动物看似风马牛不相及，可是，它们却有着相同的本能，而且是人类所不具备的哦，你能想象得到吗？

● 蜜蜂

我希望能够了解更多的关于蜜蜂的故事。我曾听人说起过蜜蜂有辨认方向的能力，无论它被抛弃到哪里，它总是可以自己回到原处。于是我想亲自试一试。

有一天，我在屋檐下的蜂窝里捉了四十只蜜蜂，叫小女儿爱格兰等在屋檐下，然后我把蜜蜂放在纸袋里，带着它们走了二里半路，打开纸袋，把它们抛弃在那里，看蜜蜂能不能飞回来。

为了区分飞到我家屋檐下的蜜蜂是不是被我扔到远处的，我在那群被抛弃的蜜蜂的背上做了白色的记号。在这个过程中，我的手不可避免地被刺了好几口，但我一直坚持着，有时候竟然忘记了自己的痛，只是紧紧地按住那蜜蜂，把工作做完，结果有二十多只受伤了。当我打开纸袋时，那些被闷了好久的蜜蜂一拥而出地向四面飞散，好像在区分该从哪个方向回家一样。

放走蜜蜂的时候，空中吹起了微风。蜜蜂们飞得很低，几乎要触到地面，大概这样可以减少风的阻力，可是我想，它们飞得这样低，怎么眺望到它们

遥远的家园呢?

在回家的路上，我想到它们面临的恶劣环境，心里推测它们一定都找不到回家的方向了。可是没等我跨进家门，爱格兰就冲过来，她的脸红红的，看上去很激动，冲着我喊道：

“有两只蜜蜂回来了！在两点四十分的时候到达巢里，还带来了满身的花粉。”

我放蜜蜂的时间是两点整。也就是说，在三刻钟左右的时间里，那两只小蜜蜂飞了二里半路，这还不包括采花粉的时间。

那天天快黑的时候，我们还没见到其他蜜蜂回来。可是第二天当我检查蜂巢时，又看见了十五只背上有白色记号的蜜蜂回到巢里了。这样，二十只中有十七只蜜蜂没有迷失方向，准确无误地回到了家，尽管空中吹着逆向的风，尽管沿途尽是一些陌生的景物，但它们确确实实回来了。也许是因为它们怀念着巢中的小宝贝和甜美的蜂蜜。凭借强烈的本能，它们回来了。是的，这不是一种超常的记忆力，而是一种不可解释的本能，而这种本能正是我们人类所缺少的。

● 猫

我一直没有相信过这样一种说法，即猫也和蜜蜂一样，能够认识自己的归途。直到有一天我家的猫的确这样做了，我才不得不相信这一事实。

有一天，我在花园里看见一只并不漂亮的小猫，薄薄的毛皮下显露着一节一节的脊背，瘦骨嶙峋的。那时我的孩子们都还很小，他们很怜惜这只小猫，常塞给它一些面包，一片一片还都涂上了牛乳。小猫很高兴地吃了好几片，然后就走了。尽管我们一直在它后面温和地叫着它“咪咪，咪咪——”它还是无怨无悔地走了。可是隔了一会儿，小猫又饿了。它从墙头上爬下来，又美美地吃了几片。孩子们怜惜地爱抚着它瘦弱的身躯，眼里充满了同情。

我和孩子们作了一次谈话，达成一致，决定驯养它。后来，它果然不负众望，长成一只小小的“美洲虎”——红红的毛，黑色的斑纹，虎头虎脑的，还有锋利的爪子。它的小名叫作“阿虎”。后来阿虎有了伴侣，她也是从别处流浪来的。他们俩后来生了一大堆小阿虎。不管我家有什么变迁，我一直收养着它们，有二十多年了。

第一次搬家时，我们很为它们担忧，假如遗弃这些我们所宠爱的猫，它们将再度遭受流浪的生活。可是如果把它们带上的话，雌猫和小猫们还能稳住气，保持安静，可两只大雄猫——一只老阿虎、一只小阿虎在旅途上是一定不会安静的。最后我们决定这样：把老阿虎带走，把小阿虎留在此地，替它另外找一个家。

我的朋友劳乐博士愿意收留小阿虎。于是某天晚上，我们把这只猫装在篮子里，送到他家去。我们回来后在晚餐席上谈论起这只猫，说它运气真不坏，找到了一户人家。正说着，突然一个东西从窗口跳进来，我们都吓了一跳，仔细一看，这团狼狈不堪的东西快活而亲切地用身体在我们的腿上蹭着，正是那只被送掉的小阿虎。

第二天，我们听到了关于它的故事：它刚到劳乐博士家里，就被锁在一间卧室里。当它发现自己已在一个陌生的地方做了囚犯时，它就发狂一般地乱跳。一会儿跳到家具上，一会儿跳到壁炉架上，撞着玻璃窗，似乎要把所有东西都撞坏。劳乐夫人被这个小疯子吓坏了，赶紧打开窗子，于是它就从窗口里跳了出来。几分钟之后，它就回到了原来的家。这可不是容易的事啊，它几乎是从村庄的一端奔到另一端，它必须经过许多错综复杂的街道，其间可能遭遇到几千次的危险，或是碰到顽皮的孩子，或是碰到凶恶的狗，还有好几座桥，我们的猫不愿意绕着圈子去过桥，它决定拣取一条最短的路径，于是它就勇敢地跳入水中——它那湿透了的毛告诉了我们一切。

我很可怜这只小猫，它对它的家是如此的忠心。我们都同意带它一起走，

正当我们担心它在路上会不安分的时候，这个难题却无法再考虑解决之道了。几天之后，我们发现它已经僵硬地躺在花园里的矮树下。有人残忍把它毒死了。是谁干的呢？这种举动可不会是出自好意！

还有那只老阿虎。当我们离开老屋的时候，却怎么也找不到它了。于是我们另外给车夫两块钱，请他负责找那老阿虎，无论什么时候找到它，都要把它带到新家这边来。当车夫带着最后一车家具来的时候，老阿虎也被带来了。他把它藏在自己的座位底下。当我打开这活动囚箱，看到这前两天就被关进去的囚徒的时候，我真不能相信它就是我的老阿虎了。

它跑出来的时候，活像一只可怕的野兽，它的脚爪不停在张舞着，口里挂着口水，嘴唇上沾满了白沫，眼睛充满了血，毛已经倒竖起来，完全已经没有了原来的神态和风采。难道它发疯了吗？我仔细把它察看了一番，终于明白了，它没有疯，只是被吓着了。可能是车夫捉它的时候把它吓坏了，也可能是长途的旅行把它折磨得筋疲力尽。我不能确定到底是什么原因，但显而易见的是，它的性格大变，它不再口中常常念念有词，不再用身体蹭我们的腿了，只有一副粗暴的表情和深沉的忧郁。慈爱的抚慰也不能消除它的苦痛了。终于有一天，我们发现它死了，躺在火炉前的一堆灰上，忧郁和衰老结束了它的生命。如果它精力还足够的话，它会不会回到我们的老房子去呢？我不敢断定。但是，这样一个小生灵，因为衰老的体力不允许它回到老家，终于得了思乡病，忧郁而死，这总是一件令人感慨的事吧！

当我们第二次搬家的时候，阿虎的家族已完全换了一批了：老的死了，新的生出来了。其中有一只成年的小阿虎，长得酷像它的先辈。也只有它会在搬家的时候增加我们的麻烦。至于那些小猫咪和母亲们，是很容易制服的。只要把它们放在一只篮子里就行了。小阿虎却得被单独放在另一只篮子里，以免它把大家都闹得不太平。这样一路上总算相安无事。到了新居后，我们先把母猫们抱出篮子。它们一出篮子，就开始审视和检阅新屋，一间一间地看过去，靠着它们粉红色的鼻子，它们嗅出了那些熟悉的家具的气味。它们找到了自己的桌子、椅子和铺位，可是周围的环境确实变了。它们惊奇地发出微微的“喵喵”声，眼睛里时时闪着怀疑的目光。我们疼爱地抚摸着它们，给它们一盆盆牛奶，让它们尽情享用。第二天它们就像在自己家里一样习惯了。

可是轮到我们的小阿虎，情形却完全不同了。我们把它放到阁楼上，让它渐渐习惯新环境，那儿有好多空屋可以让它自由地游玩。我们轮流陪着它，给它加倍的食物，并时时刻刻把其余的猫也捉上去和它做伴。我们想让它知道，它并不是独自一个在这新屋里。我们想尽了一切办法，让它忘掉原来的家。果然，它似乎真的忘记了。每当我们抚摸它的时候，它显得非常温和驯良，一叫它，它就会“咪咪”地叫着过来，还把背弓起来。这样关了一个星期，我们觉得应该恢复它的自由了，于是把它从阁楼上放了出来。它走进了厨房，和别的猫一同站在桌子边。后来它又走进了花园。我的女儿爱格兰紧紧地盯着它，看它有什么异样的举动，只见它做出一副非常天真的样子，东张张，西望望，最后仍回到屋里。太好了，小阿虎再也不会出逃了。

第二天，当我们唤它的时候，任凭我们叫了多少声“咪咪咪咪——”，就是没有它的影子！我们到处找，呼唤它，丝毫没有结果。骗子！骗子！我们上了它的当！它还是走了，我说它是回到老家去了。可是家里其他人都不相信。

我的两个女儿为此特意回了一次老家。正如我说的那样，她们在那里找到了小阿虎。她们把它装在篮子里又带了回来，虽然天气很干燥，也没有泥浆，可它的爪子上和腹部都沾满了沙泥，无疑它一定是渡过河回老家去的，当它穿过田野的时候，泥土就粘在了它湿漉漉的毛上，而我们的新屋，距离原来的老家，足足有四里半呢！

我们把这个逃犯关在阁楼上，整整两个星期之后，再放它出来。可是还不到一天工夫，它又跑回去了，对于它的前途，我们只能听天由命了。后来有一位老屋的邻居来看我们，提到小阿虎，说他有一次看到我们的猫口里叼着一只野兔，躲在篱笆下。是啊，再也没有人喂给它食物了，它得用自己的力量去寻找食物。后来我再也没有听到过它的消息了。它的结局一定是挺悲惨的。它变成了强盗，当然要承受强盗的命运。

这些真实的故事证明了猫和泥匠蜂一样，有着辨别方向的本领。鸽子也是这样，当它们被送到几百里以外的时候，它们还能回来找到自己的老巢。还有燕子，还有许多别的鸟也是这样。让我们再回到昆虫的问题上吧。蚂蚁和蜜蜂是最相似的一对昆虫，我很想知道它们是不是像蜜蜂一样有着辨别方向的本领。

● 红蚂蚁

在一块废墟上，有一处地方是红蚂蚁的山寨。红蚂蚁是一种既不会抚育儿女也不会出去寻找食物的蚂蚁，它们为了生存，只好用不道德的办法去掠夺黑蚂蚁的儿女，把它们养在自己家里，将来这些被它们占为己有的蚂蚁就永远沦为了奴隶。

夏天的下午，我时常看见红蚂蚁出征的队伍，这队伍有五六码长。当它们看见有黑蚂蚁的巢穴时，前面的队伍出现一阵忙乱。几只间谍似的蚂蚁离开了队伍往前走。一队的蚂蚁仍旧列着队伍蜿蜒不停地前进，有时候有条不紊地穿过小径，有时在荒草的枯叶中若隐若现。

最后，它们终于找到了黑蚂蚁的巢穴，就长驱直入地进入到小蚂蚁的卧室里，把它们抱出了巢。在巢内，红蚂蚁和黑蚂蚁进行了一番激烈的厮杀，最终黑蚂蚁败下阵来，无可奈何地让强盗们把自己的孩子抢走。

我再讲一下它们一路上怎样回去的情形吧。

有一天，我看见一队出征的蚂蚁沿着池边前进，那时天刮着大风，许多蚂蚁被吹落了，白白地做了鱼的美餐。这一次，鱼又多吃了一批意外的食物——黑蚂蚁的婴儿。显然，蚂蚁不像蜜蜂那样，会选择另一条路回家，它们只会沿着原路回家。

我不能把整个下午都消耗在蚂蚁身上，所以我叫小孙女拉茜帮我监视它们。她喜欢听蚂蚁的故事，也曾亲眼看过红蚂蚁的战争，很高兴接受我的嘱托。凡是天气不错的日子里，小拉茜总是蹲在园子里，瞪着小眼睛往地上张望。

有一天，我在书房里听到拉茜的声音："快来快来！红蚂蚁已经走到黑蚂蚁的家里去了！"

"你知道它们走的是哪条路吗？"

"是的，我已经做了记号。"

"什么记号？你怎么做的？"

"我沿路撒了小石子。"

我急忙跑到园子里，拉茜说得没错。红蚂蚁们正沿着那条白色的石子路凯旋呢！我取了一张叶子，截走几只蚂蚁，放到别处。这几只就这样迷了路，其他的，凭着记忆力顺着原路回去了。这证明它们并不像蜂那样，直接辨认回家的方向，而是凭着对沿途景物的记忆找到回家的路的。所以即使它们出征的路程很长，需要几天几夜，但只要沿途不发生变化，它们也照旧回得来。

感悟·思考

1.本文介绍了哪三种动物？它们有什么共同的特点？

2.作者在叙述被朋友劳乐博士收留的小阿虎逃回家的故事时，先叙述它突然逃回来，再接着讲述它逃回来之前在朋友家发生的事情。这是一种什么叙述手法？

第八章　擅长开挖隧道的斑纹蜂［精读］

名师导读

勤劳的斑纹蜂筑巢、产卵，然后就采来花粉、花蜜藏到巢里，好喂养自己的小宝宝。但有一种蚊子，就像强盗一样，总偷盗斑纹蜂的食物。蚊子是怎样偷盗的呢？

阅读提示

对矿蜂的描写，抓住了其主要特征进行刻画，给人以深刻印象。

我的点评

矿蜂是细长形的蜜蜂，它们的身材大小不同，大的比黄蜂还大，小的比苍蝇还小。但是它们有一个共同的特征，那就是它们腹部的底端有一条明显的沟，沟里藏着一根刺，遇到敌人来侵犯时，这根刺可以沿着沟来回地移动，以保护自己。我这里要讲的是关于矿蜂中的一种有红色斑纹的蜂。雌蜂的斑纹是很美丽夺目的，细长的腹部被黑色和褐色的条纹环绕着。至于它的身材，大约和黄蜂差不多。

它的巢往往建在结实的泥土里面，因为那里没有崩溃的危险。比如，我们家院子里那条平坦的小道就是它们最理想的屋基。每到春天，它们就成群结队地来到这个地方安营扎寨，每群数量不一，最大的差不多有上百只。这地方简直成了它们的大都市。

每只蜜蜂都有自己单独的一个房间。这个房间除了它自己以外，谁也不可以进去。如果有哪只不识趣的蜜蜂想闯进别人的房间，那么主人就会毫不客气地给它一剑。因此，大家都各自守着自己的家，谁也不冒犯谁，这个小小的社会保持了和平的气氛。

一到四月，它们的工作就不知不觉地开始了。唯一可以显而易见地证明它们在工作的，是那一堆堆新鲜的小土山。至于那些劳动者，我们外人是很少有机会看到的。它们通常是在坑的底下忙碌着，有时在这边，有时在那边。我们在外面可以看到，那小土堆渐渐地有了动静，先是顶部开始动，接着有东西从顶上沿着斜坡滚下来，一个劳动者捧着满怀的废物，把它们从土堆顶端的开口处抛到外面来，而它们自己却用不着出来。

五月到了，太阳和鲜花带来了欢乐。四月的矿工们，这时已经演变成勤劳的采蜜者了。我们常常看到它们满身披着黄色的尘土停在土堆上，而那些土堆现在已变得像一只倒扣着的碗了，那碗底上的洞就是它们的入口。

它们的地下建筑离地面最近的部分是一根几乎垂直的轴，大约有一支铅笔那么粗，在地面下有六寸到十二寸深，这个部分就算是走廊了。

在走廊的下面，就是一个小小的巢。每个小巢大概有四分之三寸长，呈椭圆形。那些小巢有一个公共的走廊通到地面上。

名师点评

阅读提示

用拟人的手法，风趣的语言，描绘出了蜜蜂世界遵守规则、和睦相处的图景。

我的点评

阅读提示

这些形状、尺寸的具体描写，充分体现了文章的严谨性，也便于读者理解。

名师点评

我的点评

每一个小巢内部都修葺得很光滑，很精致。我们可以看出一个个淡淡的六角形的印子，这就是它们做最后一次工程时留下的痕迹。它们用什么工具来完成这么精细的工作呢？是它们的舌头。

我曾经试图往巢里面灌水，看看会有什么后果，可是水一点儿也流不到巢里去。这是因为斑纹蜂在巢上涂了一层唾液，这层唾液像油纸一样包住了巢，在下雨的日子里，巢里的小蜜蜂也不会被弄湿。

斑纹蜂一般在三、四月里筑巢。那时候天气不大好，地面上也缺少花草。它们在地下工作，用它的嘴和四肢代替铁锹和耙子。当它们把一堆堆的泥粒带到地面上后，巢就渐渐地做成了。最后用它的铲子——舌头，涂上一层唾液。当快乐的五月到来时，地下的工作已经完毕，和煦的阳光和灿烂的鲜花也已经开始向它们招手了。

写作借鉴

“忙忙碌碌”“兴高采烈”“盘旋”“迟疑”“准确无误”等词语的使用，准确生动，饱含感情色彩，给人带来美的阅读感受。

田野里到处可以看到蒲公英、野蔷薇、雏菊花等，在花丛里尽是些忙忙碌碌的蜜蜂。它们带上花蜜和花粉后，就兴高采烈地回去了。一回到自己的城市里，它们就立即改变飞行方式，很低地盘旋着，好像对这么多外观酷似的地穴产生了迟疑，不知道哪个才是自己真正的家。但是没过一会儿，它们就各自认清了自己的记号，很快地，准确无误地钻了进去。

斑纹蜂也像其他蜜蜂一样，每次采蜜回来，先把尾部塞入小巢，刷下花粉，然后一转身，头部钻入小巢，把花蜜洒在花粉上，这样就把劳动成果储藏起来了。虽

名师点评

然每一次采的花蜜和花粉都微乎其微，但经过多次的采运，积少成多，小巢内已经变得很满了。接着斑纹蜂就开始动手制造一个个“小面包”——“小面包”是我给那些精巧的食物起的名字。

我的点评

斑纹蜂，开始为它未来的子女们预备食品了。它把花粉和花蜜搓成一粒粒豌豆大小的“小面包”。这种“小面包”和我们吃的小面包大不一样：它的外面是甜甜的蜜质，里面充满了干的花粉，这些花粉不甜，没有味道。外面的花蜜是小蜜蜂早期的食物，里面的花粉则是小蜜蜂后期的食物。

斑纹蜂做完了食物，就开始产卵。它不像别的蜜蜂产了卵后就把小巢封起来，它还要继续去采蜜，并且看护它的小宝宝。

小蜜蜂在母亲的精心养护和照看之下渐渐长大了。当它们作茧化蛹的时候，斑纹蜂就用泥把所有的小巢都封好。在它完成这项工作以后，也到了该休息的时候了。

我的点评

如果没有什么意外发生的话，在短短的两个月之后，小蜜蜂就能像它们的妈妈一样去花丛中玩耍了。

● 温厚长者和小强盗

可是斑纹蜂的家并不如想象中那样安逸，在它们周围埋伏着有许多凶恶的强盗。其中有一种蚊子，虽然小得微不足道，却是斑纹蜂的劲敌。

名师点评

写作借鉴

对蚊子的外形描写逼真、细腻、传神。

阅读提示

场面描写细腻、逼真，写出了情形的危急和杀手的凶恶与奸诈。

我的点评

这种蚊子是什么样的呢？它的身体不到五分之一寸长，眼睛是红黑色的；脸是白色的；胸甲是黑银灰色的，上面有五排微小的黑点儿，长着许多刚毛；腹部是灰色的；腿是黑色的，像一个又凶恶又奸诈的杀手。

在我所观察到的这一群蜂的活动范围内，就有许多这样的蚊子。这些蚊子在太阳底下时能找到一个隐蔽的地方潜伏起来，等到斑纹蜂携带着许多花粉过来时，蚊子就紧紧地跟在它后面，跟着打转、飞舞。忽然，斑纹蜂俯身一冲，冲进自己的屋子。立刻，蚊子也跟着在洞口停下，头向着洞口，就这样等了几秒钟，蚊子纹丝不动。

它们常常这样面对着面，只隔一个手指那么宽的距离僵持着，但彼此都显得十分镇定。斑纹蜂这温厚的长者，只要它愿意，完全有能力把门口那个破坏它家庭的小强盗打倒，它可以用嘴把它咬伤，可以用刺把它刺得遍体鳞伤，可它并没有这么做。它任凭那小强盗安然地埋伏在那里。至于那小强盗呢？可恶的小蚊子尽管知道斑纹蜂只消举手之劳就可以把它撕碎，可它丝毫没有恐惧的样子。

不久斑纹蜂就飞走了，蚊子便开始行动了。它飞快地进入了巢中，像回到自己的家里那样不客气。现在它可以在这储藏着许多粮食的小巢里胡作非为了。因为这些巢都还没有封好。它从从容容地选好一个巢，把自己的卵产在里面。在主人回来之前，它是安全的，谁也不

名师点评

会来打扰它，而在主人回来之时，它早已完成任务，拍拍屁股逃之夭夭了。它会再在附近找一处藏身之处，等待第二次盗窃的机会。

几个星期后，让我们再来看看斑纹蜂藏在巢里的花粉团吧，将发现这些花粉团已被吃得狼藉一片，在藏着花粉的小巢里，会看到几条尖嘴的小虫在蠕动着——它们就是蚊子的小宝宝。在它们中间，我们有时候也会发现几条斑纹蜂的幼虫——它们本该是这房子的真正的主人——却已经饿得很瘦很瘦了。那帮贪吃的入侵者剥夺了原该属于它们的一切。这可怜的小东西渐渐地衰弱，渐渐地萎缩，最后竟完全消失了。那凶恶的蚊子的幼虫就一口一口把这尸体也吞下去了。

字词积累

狼藉：形容乱七八糟，杂乱不堪。

小蜜蜂的母亲虽然常常来探望自己的孩子，可是它似乎并没有意识到巢里已经发生了天翻地覆的变化。它从不会把这陌生的幼虫杀掉，也不会毫不犹豫地把它们抛出门外，它只知道巢里躺着它亲爱的小宝贝。它认真小心地把巢封好，好像自己的孩子正在里面睡觉一样。其实，那时巢里已经什么都没有了，连那蚊子的宝宝也早已趁机飞走了。

多么可怜的母亲啊！

阅读提示

作者对蜜蜂母亲丧子后的茫然无觉寄予了深深的同情，读来令人悲叹。

● 老门警

斑纹蜂的家里如果没有碰到意外，也就是说没有像

名师点评

我的点评

我的点评

刚才我说的那样被蚊子所偷袭，那么它们大约应有十个姐妹。为了节约时间和劳动力，它们不再另外挖隧道，只要把它们母亲遗留下来的老屋拿过来继续用就是了。大家都客客气气地从同一个门口进出，各自做着自己的工作，互不打扰。不过在走廊的尽头，它们有各自的家，每一个家包括一群小屋，那就是它们自己挖的，不过那走廊是公用的。

让我们来看看它们是怎样来来去去地忙碌的吧。当一只采完花蜜的蜜蜂从田里回来的时候，它的腿上都沾满了花粉。如果那时门正好开着，它就会立刻一头钻进去。因为它忙得很，根本没有空闲时间在门口徘徊。有时候会有几只蜜蜂同时到达门口的情况，可那隧道的宽度又不允许两只蜂并肩而行，尤其是在大家都满载花粉的时候，只要轻轻一触就会把花粉都掉到地上，半天的辛勤劳动就都白费了。于是它们定了一个规矩：靠近洞口的一个赶紧先进去，其余的依次在旁边排着队等候。第一个进去后，第二个很快地跟上，接着是第三个，第四个，第五个……大家都排着队很有秩序地进去。

有时候也会碰到这样的情况：一只蜂刚要出来，而另一只正要进去。在这种情况下，那只要进去的蜂会很客气地让到一边，让里面的那只蜜蜂先出来，每只蜜蜂在自己的同类面前，都表现得非常有风度、有礼貌。有一次我看到一只蜂已经从走廊到达洞口，马上要出来

了，忽然，它又退了回去，把走廊让给刚从外面回来的蜂。多有趣啊！这种互助的精神实在令人佩服，有了这样一种精神，它们的工作当然可以很快地进行。

让我们把眼睛睁大些仔细地观察，还有比这更有趣的事吗？当一只蜜蜂从花田里采了花粉回到洞口的时候，我们可以看到一块堵住洞口的活门忽然落下，开出一条通路来。当外来的蜂进去以后，这活门又升上来把洞口堵住。同样，当里面的蜜蜂要出来的时候，这活门也是先降下，等里面的蜜蜂飞出去后，又升上来关好。

这个像针筒的活塞一般忽上忽下的东西究竟是什么呢？这是一只蜂，是这所房子的门卫。它用它的大头顶住了洞口。当这所房子的居民要进进出出的时候，它就把“门闩”一拔，也就是说，它立刻退到一边，那儿的隧道特别宽大，可以容得下两只蜂。当别的蜜蜂都通过了，这“门警”又上来用头顶住洞口。它一动不动地守着门，那样的尽心尽责，除非它不得不去驱除一些不知好歹的不速之客，否则它是不会擅自离开岗位的。

当这位门警偶尔走出洞口的时候，让我们趁机仔仔细细地看看它吧。我们发现它和其他蜂一样，不过它的头长得很扁，衣服是深黑色的，并且有着一条条的纹路。身上的绒毛已经看不出来了，它本该有的那种美丽的红棕色的花纹也没有了。这一套破碎的衣服似乎告诉了我们一切。

名师点评

阅读提示

文中不时出现类似的抒情和议论性文字，既表达了作者的观点，也使文章摆脱了枯燥，增强了可读性。

我的点评

写作借鉴

运用对比手法，写出了“门警”蜂的外形特征，细腻而深刻。

名师点评

这一只用自己的身躯顶住门口充当老门警的蜜蜂看起来比谁都显得沧桑和年老。事实上它正是这所屋子的建筑者，现在的工蜂的母亲，现在的幼虫的祖母。就在三个月之前，它还挺年轻的，那时候它正在独自辛辛苦苦地建筑这座房子。现在它算是告老退休了——不，这不是退休，它还要发挥余热，用全力来保护这个家呢。

你还记得那多疑的小山羊的故事吗。它从门缝里往外张望一下，然后对门外的狼说："你是我们的妈妈吗？请你把白腿伸给我看，如果你的腿是黑色的，我们就不开门。"

阅读提示

故事的引用使文章显得生动活泼，饶有趣味。

我们这位老祖母的警惕绝不亚于那小山羊。它对每一位来客说："把你的蜜蜂黑脚伸给我看，否则我就不让你进来。"

只有当它认出这是它家的一员时，它才会开门，否则它是绝不会让任何外客进入到家里去的。

写作借鉴

拟人化的语言描写充分体现了老蜜蜂的尽职尽责和对"家庭子女"的热爱。

你看，从洞旁走过一只蚂蚁，它是一个大胆的冒险家。它很想知道这个散发着一阵阵蜂蜜香味的地方究竟是怎样的。

"滚开！"老蜜蜂摇了摇头说道。

蚂蚁被它吓了一跳，悻悻地走开了。也幸亏它走开了，如果它仍逗留在蜂房旁的话，老蜜蜂就要离开它的岗位，飞过去不客气地追击它了。

也有一种不擅长挖隧道的蜜蜂，也就是樵叶蜂，它

名师点评

要寻找人家从前挖掘好的隧道。斑纹蜂的隧道对它再适合不过了。那些以前受蚊子偷袭，被蚊子占据的斑纹蜂的巢一直是空着的。因为蚊子让它们家绝了后，整个家都已经败落了。于是樵叶蜂就顺理成章地占据这个空巢，来个废物利用了。为了找到这样的空巢，以便于让它们放那些用枯叶做成的蜜罐，这帮樵叶蜂常到我的这种斑纹蜂的领地里来巡视。有时候它似乎找到目标了，可还没等它的脚站稳，它的嗡嗡声已引起了门警的注意。门警立刻冲出洞来，在门口做了几下手势，告诉它这洞早就有主人了。樵叶蜂明白了它的意思，立即飞到别处去找房子了。

我的点评

有时候没等门警出来，樵叶蜂已经迫不及待地把头伸了进去。于是做门警的老祖母立刻把头顶上来塞住通路，并且发出一个并不十分严厉的信号，以示警告，樵叶蜂立即明白了这屋子的所有权，很快就离开了。

我的点评

有一种“小贼”，它是樵叶蜂的寄生虫，有时候会受到斑纹蜂的教训。有次我亲眼看到它受了一顿重罚。这鲁莽的东西一闯进隧道便为非作歹，以为自己进了樵叶蜂的家了。可是不一会儿，它立刻发现自己犯了一个大错误，它闯进的是斑纹蜂的家。它碰到了守门的老祖母，受了一顿严厉的惩罚。于是它急急忙忙地往外逃。同样，其他野心勃勃又没有头脑的傻瓜，如果想闯进斑纹蜂的家，毫无疑问会受到同样的待遇。

有时候守门的蜜蜂也会和另外一位老祖母发生争

名师点评

执。七月中旬，是蜜蜂们最忙的时候。这时候我们会看到两种迥然不同的蜂群，那就是老蜜蜂和年轻的母蜂。年轻的母蜂又漂亮又灵敏，忙忙碌碌地从花间飞到巢里，又从巢里飞向花间。而那些老蜂，失去了青春，失去了活力，只是从一个洞口踱到另一个洞口，看上去就像迷失了方向找不到自己的家。这些流浪者究竟是谁呢？它们就是那些受了可恶的小强盗的蒙骗而失去家庭的老蜜蜂。当初夏来临的时候，老蜜蜂终于发现从自己的巢里钻出来的是可恶的蚊子，这才恍然大悟、痛心疾首。可是这已经太晚了，它已经变成了无家可归的孤老，只得委屈地离开自己的老家，到别处去另谋生路了，看看哪一家需要一个管家或是需要一个门警。可是那些幸福的家庭早已有了自己的祖母来打点一切了。而这些老祖母往往对外来找工作，抢自己饭碗的老蜜蜂心存敌意，往往会给它一个不客气的答复。的确，一个家只需要一个门警就已足够了。来了两个的话，反而把那原本就不宽敞的走廊给堵住了。

阅读提示

字里行间饱含深情，处处渗透着人文关怀。

有些时候，两个老祖母之间真的会发生一场恶斗。当流浪的老蜜蜂停在别家门口的时候，这家的看门老祖母一方面紧紧守着门，一方面张牙舞爪地向外来的老蜂挑战，而胜的那一方，往往身心疲惫，悲伤孱弱。这些无家可归的老蜜蜂后来怎样了呢？它们一天一天地衰老下去，渐渐数量也少了，直至最后全部绝迹了。它们有的是被那些灰色的小蜥蜴吃掉了，有的是饿死的，有的

我的点评

是老死了，还有的是万念俱灰、心力衰竭而死。

至于那守门的老祖母，它似乎从来不休息，在清晨天气还很凉快的时候，它已经到达岗位；到了中午，工蜂们采蜜工作最忙的时候，许许多多的蜜蜂从洞口飞进飞出，它仍旧守护在那里；到了下午，外边很热，工蜂都不去采蜜，留在家里建造新的巢，这时候，老祖母仍旧在上面守着门。在这种闷热的时候，它连瞌睡都不打一下，它不能打瞌睡，这个家的安全都靠它了。

到了晚上，甚至是深夜，别的蜜蜂都休息了，它还像白天一样忙碌，防备着夜里的盗贼。

在它小心的守护下，整个蜂巢的安全可以一直持续到五月以后。如果蚊子来抢巢，让它来吧，老祖母会立即冲出去和它拼个你死我活。但它们不会来。因为在明年冬天到来之前，它们还是躲在茧子里的蛹。

虽然没有蚊子，其他的寄生虫类也不少。它们也很可能来侵犯蜂巢。但是，奇怪的是，我天天认真观察那个蜂巢，却从没有在它的附近发现什么蜂类的敌人。整个夏天它都那么安静而平和。可见那些暴徒已深知老祖母的厉害。同时也可见老祖母是如何的警觉了。

名师点评

阅读提示

作者对笔下这些无家可归的老蜜蜂倾注了自己的人文关怀，它们的最终命运让人悲叹和同情。

我的点评

品读·理解

本章的主角是矿蜂中的一种——有红色斑纹的蜂。作者首先向我们介绍了斑纹蜂的筑巢、产卵、采蜜、准备食物等方面的特点；接着讲述了有温厚长者风范的斑纹蜂与“小强盗”蚊子之间发生的“蚊占蜂巢”的悲情故事；最后讲述的是作为门警的“老祖母”蜜蜂尽心尽职守卫蜂巢、维持秩序、赶走入侵者的故事。

感悟·思考

1.本文中作者向读者介绍了斑纹蜂哪几个方面的特点?

2.文中作为门警的“老祖母”蜜蜂尽心尽职守卫蜂巢、维持秩序、赶走入侵者的故事给你带来什么启示?

第九章 采棉蜂与采脂蜂

名师导读

采棉蜂在树枝上做一个棉袋，这就是它的窝了。但采脂蜂却往往因为自己的疏忽，给下一代造成很大的悲剧。那是怎样的疏忽呢？又是怎样的悲剧呢？

● 采棉蜂

我们知道，有许多蜜蜂像樵叶蜂一样自己不会筑巢，只会借居别的动物遗留或抛弃的巢作自己的栖身之所。有的蜜蜂会借居泥匠蜂的故居，有的会借居于蚯蚓的地道中或蜗牛的空壳里，有的会占据矿蜂曾经盘踞过的树枝，还有的会搬进掘地蜂曾经居住过的沙坑。在这些借居他屋的蜜蜂中有一种采棉蜂，它的借居方式尤为奇特。它在芦枝上做一个棉袋，这个棉袋便成了它绝佳的睡袋；还有一种叫采脂蜂，它在蜗牛的空壳里塞上树胶和树脂，经过一番装修，就可以当房间用了。

泥匠蜂很匆忙地用泥土筑成了“水泥巢”，就算大功告成了；木匠蜂在枯木上钻了一个九英寸深的孔也开始心满意足地过日子了。尽管它们的家很粗糙，它们还是以采蜜产卵为第一重要的大事，没有时间去精心装修它们的居室，屋子只要能够遮风挡雨就行了；而另几类蜜蜂可算得上是装饰艺术大师，像樵叶蜂在蚯蚓的地道中做一串盖着叶片的小巢，像采棉蜂在芦枝中做一个小小的精致的棉袋，使原来的地道和芦枝别有一番风情，令人不由得拍案叫绝。

看到那一个个洁白细致的小棉袋，我们可以知道采棉蜂是不适宜做掘土的工作的，它们只能做这种装修工作。棉袋做得很长也很白，尤其是在没有灌入蜜糖的时候，看起来像一件轻盈精致的艺术品。我想没有一个鸟巢可以像采棉蜂做的棉袋那样清洁、精巧的。它是怎样把一个个棉花小球集中起来，拼成一个针箍形的袋子呢？它也没有其他特殊的工具，只有和泥匠蜂、樵叶蜂一样的灵巧的嘴，但它们的工作无论从方式上还是从成果上看，都截然不同。

我们很难看清楚采棉蜂在芦枝内工作的情形，它们通常在毛蕊花、蓟花、鸢尾草上采棉花，那些棉花早已没有水分了，所以将来不会出现难看的水痕。

它是这样工作的：先停在植物的干枝上，用嘴巴撕去外表的皮，采到足够的棉花后，用后足把棉花压到胸部，成为一个小球，等到小球有一粒豌豆那么大的时候，再把小球放到嘴里，衔着它飞走了。如果我们有耐心等待的话，将会看到它一次次地回到同一棵植物上采棉，直到它的棉袋做完。

采棉蜂会把采到的棉花分成不同的等级，以适应袋中各个部分不同的需要。有一点它们很像鸟类。鸟类为使自己的巢结实一些，会用硬硬的树枝卷成架子；又为了要使巢温暖舒适些，而且宜于孵育小鸟，会用不同的羽毛填满巢的底部。采棉蜂也是这样做它的巢，它用最细的棉絮衬在巢的内部，入口处用坚硬的树枝或叶片做“门”和“窗”。

我看不到采棉蜂在树枝上做巢的情形，但我却看到了它怎样做“塞子”，这个“塞子”其实就是它的巢的“屋顶”。它用后足把棉花撕开并铺展，同时用嘴巴把棉花内的硬块撕松，然后一层一层地叠起来，并用额头把它压结实。

这是一种很粗的工作。推想起来，它做别的部分的精细工作时，大概也是用这种办法。

有几只采棉蜂在做好屋顶后，怕不可靠，还要把树枝间的空隙填起来。它们利用了所有能够得到的材料：小粒的沙土、一撮泥、几片木屑、一小块水泥，或是各种植物的断枝碎屑。这巢的确是一个坚固的防御工事，任何敌人都无法攻进去。

采棉蜂藏在它巢内的蜂蜜是一种淡黄色的胶状颗粒，所以它们不会从棉袋里渗出来。它的卵就产在这蜜上。不久，幼虫孵出来了。它们刚睁开眼睛，就发现食物早已准备好了，就把头钻进花蜜里，大口大口地吃着，吃得很香，也渐渐变得很肥。现在我们已经可以不去照看它了。因为我们知道，不久它就会织起一个茧子，然后变成一只像它们母亲那样的采棉蜂。

● 采脂蜂

另外有一种蜜蜂，它们也是利用人家现成的房子，稍作改造变为自己的居住之处，那就是采脂蜂。在矿石附近的石堆上，常常可以看到坐着吃各种硬壳果的蜗牛。它们吃完后就跑了，石堆上留下一堆空壳。在这中间我们很可能找到几只塞着树脂的空壳，那就是采脂蜂的巢了。竹蜂也利用蜗牛壳做巢，不过它们是用泥土做填充物的。

关于采脂蜂巢内的情形我们很难知道。因为它的巢总是做在蜗牛壳的螺旋的末端，离壳口有很长的距离，从外面根本看不到里面的构造。我拿起一只壳照了照，看上去挺透明的，也就是说这是只空壳，以后很可能被某个采脂蜂看中，在此安家落户，于是我把它放回原处，让它作为将来的采脂蜂的巢。我又换一只照照，结果发现第二节是不透明的，看来这里面一定有些东

西。是什么呢？是下雨时冲进去的泥土，还是死了的蜗牛？我不能确定。于是我在末端的壳上弄一个小洞，看见了一层发亮的树脂，上面还嵌着沙粒，一切都真相大白了：我得到的正是采脂蜂的巢。

采脂蜂往往在蜗牛壳中选择大小适宜的一节作它的巢。在大的壳中，它的巢就在壳的末端；在小的壳中，它的巢就筑在靠近壳口的地方。它常常用细砂嵌在树胶上做成有图案的薄膜。起初我也不知道这就是树胶。这是一种黄色半透明的东西，很脆，能溶解在酒精中，燃烧的时候有烟，并且有一股强烈的树脂气味。你可以根据这些特点，判断出来采脂蜂用的是树干里流出来的树脂。

在用树脂和砂粒做成的盖子下，还有第二道防线，用砂粒、细枝等做的壁垒，这些东西把壳的空隙都填得严严实实的。采棉蜂也有着类似的防御工程。不过，采脂蜂这种工程只有在大的壳中才有，因为大的壳中空隙较多。在小的壳中，如果巢离入口处不远，那它就用不着筑第二道防线了。

在第二道防线后面就是小房间了。在采脂蜂所选定的一节壳的末尾，共有两间小屋，前屋较大，有一只雄蜂；后室较小，有一只雌蜂——采脂蜂的雄蜂比雌蜂要大。有一件事科学家们至今仍无法解释，那就是母蜂怎能预先知道它所产的卵是雌的还是雄的呢？也就是它们怎么保证产在前屋的卵将来是雄蜂，而产在后屋的卵一定会变成雌蜂呢？

有时候，采脂蜂筑巢的时候，一个小小的疏忽会造成下一代的一个大悲剧。让我们来看看这只倒霉的采脂蜂吧！它选择了一只大的壳，把巢筑在壳的末端，但是从入口处到巢的一段空间它忘记用废料来填充。前面我们提到过有一种竹蜂也是把巢筑在蜗牛壳里的，它往往不知道这壳的底部已有了主人，一看到这个壳里还有一段空隙，就把巢筑在这段空间里，并且用厚厚的泥土层把入口处封好。七月来了，悲剧就开始了。此时，采脂蜂巢里的蜂已经长大，它们咬破了胶膜，冲破了防线，想解放自己。可是，它们的通路早已被一个陌生的家庭堵住了。它们试图通知那些邻居，让它们暂时让一让，可是无论它们怎么闹，外屋那邻居始终没有动静。是不是它们故意装作听不见呢？不是的，竹蜂的幼虫此时还正在孕育中，至少要到明年春天才能长成呢！难怪它们一直无动于衷。采脂蜂无法冲破泥土的防线，一切都完了。它们活活地被饿死在洞里。这只能怪粗心的母亲，如果它们早能料到这一点，悲剧也就不会发生了。如果粗心的母亲得知是自己活活杀死了孩子们，不知道该有多恨自己！不幸的遭遇并不能使采脂蜂的后代学乖，事实上，时时有采脂蜂犯这样的错误，这与科学家所说的“动物不断地从自己的错误和经验中学习和改进”的理论不符合。不过也难怪，你想，那些被关在壳里的小蜂们永远地埋在了里面，没有一个能生还，这件事也随着小蜂们的死去而永远地埋在了泥土里，成了无人能知的千古奇冤，更不用说让采脂蜂的后代吸取教训了。

感悟·思考

1.采棉蜂和采脂蜂是分别采取何种方式借居他屋的？

2.作者在描写采脂蜂筑巢的时候，写道“一个小小的疏忽会造成下一代的一个大悲剧”，请问这个疏忽和悲剧的具体内容分别是什么？

第十章　土蜂——蜂族中的巨人

名师导读

有的土蜂非常大，张开翅膀后更是大得吓人。如此大的家伙，它的刺会有多长呢？如果不小心让它刺着了，会出现什么样的后果呢？

● 力量

如果说在动物界是靠力量来统治臣民，膜翅目昆虫里首屈一指的当属土蜂。从体形来看，有的土蜂可以和戴菊莺相比。那些最大最健壮的带刺蜂，像木蜂、熊蜂、黄边胡蜂，到了某些土蜂面前也要逊色不少。在这个巨人一族里，我们地区有花园土蜂，它长4厘米有余，翅膀张开后的宽度达10厘米；还有痔土蜂，身材和花园土蜂差不多，因为小腹末端有竖立的红棕色毛刷，特别引人注目。雌性花园土蜂黑色的身体上长着大块的黄斑，硬邦邦的翅膀像琥珀色的洋葱片，并反射着紫光；粗壮的腿节上长满一排排粗糙的短毛；硕大的骨架、结实的头，外面套着一层坚硬的头壳；行动笨拙，反应迟钝；飞起来得费上一番力气，无声无息，飞不出多远。雄性花园土蜂则显得更高贵，穿着更加精致，一举一动也更为优雅，但同伴的主要特征强壮，在它身上并没有失去。

昆虫收藏者第一次看到花园土蜂时，恐怕没有谁不心怀畏惧。螯针的威力和身体大小成正比，被土蜂蜇过的伤口非常可怕。黄边胡蜂一旦拔剑出鞘，

就会让人疼痛难忍。要是被这个大家伙刺到了会怎样？在撒网的那一刻，你的脑子里会出现一幅画面——拳头大小的瘤，还有烙铁烙过的灼痛。于是你便打起退堂鼓，转而庆幸自己没有被这个危险家伙所注意。对此，我想教教新入门的膜翅目昆虫捕捉者，其实，土蜂的性情是很温和的，它们的螫针与其说是用来刺人，不如说是劳动工具，只用来麻痹猎物，只有在万不得已时才用以自卫。此外，它们行动迟钝，你几乎永远都避得开螫针，而且即便被蜇到，刺伤的疼痛也几乎算不得什么。一般来说，捕食性膜翅目昆虫的毒液不够辛辣，它们的武器只是用来做精细外科手术的柳叶刀。

● 居所

土蜂不像其他捕食性膜翅目昆虫那样挖洞筑巢。它们没有固定的居所，也没有通往外界并与幼虫的小屋相连的自由通道；要想钻进土里，任何地点都可以，即使是未被翻动的地方，只要土不太硬就行，其实它们挖掘的工具也足够坚硬；要从土里出来，它们也无所谓特定的地点。土蜂不横向钻土，而是向下掘土，它用脚和大颚辛勤地劳动；掘开的沙砾就堆积在原地和身后，马上就堵住了先前挖出的通道。当它要从土里钻出来时，土就会攒成一堆，看上去就像有只小鼹鼠在地底下拱隆地表。土蜂出来后，隆起的土堆坍塌，堵住出口。如果土蜂想回家，它就随便找一个地方挖掘，很快就挖出一个洞，土蜂也随即消失，挖开的那些泥土将它埋在地底下。

我从地面上土的厚度就能轻易地分辨出它的临时居所，那是一个空心圆柱，弯曲绵延，在一块坚实的土里由一些松动的土筑成。圆柱数目众多，有时能深至半米，它们四通八达，还常常相互交叉，但是没有哪个圆柱拥有来去自如的通道。显然，这不是通往外界的永久性道路，而是土蜂永不回头

的一次性跑道，土蜂在地上钻出这么多堆满流沙的羊肠小道，是为了寻找什么？也许是在找它一家的食物吧，例如无名幼虫的枯皮。

土蜂是一群地下劳动者。以前抓到土蜂，看到它腿上沾着小土块时，我就怀疑过。土蜂很爱清洁，最大的乐趣就是对身子洗洗刷刷，身子沾上污点，只能说明它是个热情的搬土工。我以前还不很明白土蜂的职业，现在我清楚了，它们生活在地下，掘土是为了寻找金龟子的幼虫。接受了雄蜂的拥吻后，雌蜂们很少再继续缠绵下去，而是一心一意地专注于母亲的职责。地下是土蜂停留和运动的场所，依靠有力的大颚、坚硬的头颅和强健带刺的腿，它们在疏松的土里随心所欲地开辟道路。将近八月末，大部分雌蜂都深藏于地下，开始忙于产卵和储藏食物。一切好像在告诉我，想等待几只雌蜂出来是徒劳的，必须埋头四处挖掘。

我辛辛苦苦的挖掘却未换来应有的回报。尽管发现了几只茧，但差不多个个都和我已有的那只一样裂了开来，而且，侧壁上都同样粘着一张金龟子幼虫干枯的表皮。只有两只茧完好无损，里面才包着死去的膜翅目昆虫。它们的确就是双带土蜂。残留的食物同样还是一只金龟子幼虫的表皮，但与双带土蜂的食物并不相同。我挖挖这里，挖挖那里，挖开了好几立方米的土。却从未看到过新鲜的食物、卵或者小幼虫。产卵期是最佳的寻找时节，但是，一开始为数众多的雄蜂已经日益稀少，直至完全消失。

● 幼虫

双带土蜂以花金龟的幼虫，主要是金绿花金龟、傲星花金龟和多彩花金龟作为食物。我相信，土蜂对这三种花金龟的幼虫是不加区分地食用。也许，它甚至还会进攻同这三种花金龟一样是腐烂植物宿主的小虫子。因此，我把

花金龟这一类看作是双带土蜂的猎物。

在阿维尼翁附近，沙地土蜂的猎物是绒毛害鳃金龟幼虫，而临近塞里昂的地方，在类似的只长有纤细的禾本科植物的沙地里，我看到晨害鳃金龟取代绒毛害鳃金龟，成了土蜂的食物。蛀犀金龟、花金龟和害鳃金龟的幼虫，是我所知道的三类土蜂的猎食对象。

腹部贴着土蜂卵的花金龟幼虫，随意分布在土里，没有特别的窝，也没有任何筑巢的痕迹。土蜂不会为它的家人准备居室，它根本不懂居室艺术。后代的家是随意建造的，母亲不会给予任何关心。但其他的狩猎蜂都要准备一个居室来储存，有时甚至是从远处搬运过来的食粮。土蜂挖掘腐质土层时，一旦遇上一只花金龟幼虫就将它刺得不能动弹，并立即在麻木的虫子的腹部产卵、孵化、生长、织茧。它们的家就这样简化到一种最简单的形式。

土蜂从形态上看，白色笔直的圆柱体，大约有4毫米长，1毫米宽，前端固定在牺牲品腹面的中线位置，这个位置离腿较远，靠近腹中食物透过皮肤而形成的褐斑。

从大小来看，土蜂幼虫和我刚才说过的卵大小差不多。然而，它的食物花金龟幼虫，却平均长30毫米，宽9毫米，体积是刚刚孵化出来的土蜂幼虫的六七百倍。猎物的臀部和大颚还在动，的确会令小虫子感到恐怖。但母亲的螫针已经消除危险，弱小的小虫就像吮吸乳汁一样，毫不犹豫地开始吞噬庞然大物的肚子。

一天天地，小土蜂幼虫的头在花金龟蛴螬的肚子里越钻越深，它身体的前端变得越来越细长，看上去就像一根丝一样，它的后半部始终保持在猎物的体外，和普通膜翅目掘地虫的形状、大小都差不多；但前半部一旦进入猎物体内，就突然变得像蛇颈一样细长，并且一直在那里待到吐丝织茧的那一刻。幼虫的身体前端仿佛是以猎物皮肤里狭窄的洞为模具，此后也一直保持

着这样纤细的体形。土蜂幼虫进食总是从母亲在腹面选好的那一点开始，因为要钻的那个洞正开在卵附着的那一点上。随着吃客的脖子越伸越长，牺牲品的内脏也循序渐进地被吃掉，首先是最不必要的部位，然后是除掉以后还能使蛴螬保持有一丝生机的部位，最后才是那些失去了会带来无可挽回的死亡的器官，之后尸体很快地腐烂了。土蜂这种聪明进食法的主要特点，从次要器官吃到主要器官，直到最后它仍然能吃到未变质的食物。很明显，如果土蜂幼虫一开始就进攻猎物的神经，那么，它面对的就是一具真正的尸体，24小时后它就会因腐烂而致命。土蜂幼虫和其他以庞然大物为食的侵犯者一样，具备一种特殊的饮食技艺，如果猎物体型微小，当然就用不着如此谨慎。

感悟·思考

1.土蜂的聪明进食法的主要特点是什么？

2.土蜂的性情是怎样的？它们的螯针的主要用途是什么？

第十一章　合唱队成员［精读］

名师导读

在昆虫界，除了我们前面讲到的歌唱家蝉之外，合唱队中还有很多的成员，像蝈蝈儿、小铃蟾、蟋蟀以及蝗虫等等。让我们来听听它们的歌声吧。

七月中旬，盛夏刚刚开始，天已热得不行了。我独自一人，趁着晚上九点天气比较凉爽，待在黑暗的角落，倾听着美丽而简朴的田野联欢会音乐。

夜已深，蝉已不再鸣叫，它白天沉醉于阳光和炎热之中，尽情地高唱了一天，夜晚来临，它该休息了。但是，它的睡梦常常会被惊扰。在梧桐树浓密的树枝里，突然传出呼救似的，短促而尖锐的叫声。这是蝉在静静地休息中，被突然袭来的狂热的夜间狩猎者绿色蝈蝈儿抓住所发出的绝望的哀号。蝈蝈儿向它扑去，把它拦腰揪住，开膛破肚，挖出肛肠。当倒霉的蝉在垂死挣扎的时候，梧桐树林中的歌唱还在进行。但是，演唱者已经换了人，轮到晚间的艺术家上场了。听觉灵敏的人能听到在弱肉强食的草莽之地，绿叶丛中，蝈蝈儿在窃窃

名师点评

阅读提示

这段动物世界弱肉强食场面的描写，紧张刺激，与夏夜宁静的气氛形成强烈对比，文章因此而显得起伏有致，引人入胜。

名师点评

我的点评

细语。

蝈蝈儿的鸣叫很像滑轮的响声，一点儿都不引人注意，又像是干皱的薄膜隐约作响。在连续不断的低音中，不时发出一声非常急促，近乎金属碰撞的清脆响声，这便是蝈蝈歌唱的特点。歌声之间有短暂的间歇，还有一些伴唱。尽管合唱的低音得到了加强，但还不够出色。虽然我耳边有十来个蝈蝈儿在演唱，可它们的声音太弱，我迟钝的耳膜常常捕捉不到这微弱的声音。然而，当田野蛙声和其他虫鸣暂时沉寂时，我能听到的一点点歌声非常柔和，与苍茫夜色中的静谧气氛十分协调。绿色的螽斯啊，如果你拉的琴再响亮一点儿，你就是比声嘶力竭的蝉更胜一筹的歌手！

不过，你永远比不上你的邻居，摇着铃铛的蟾蜍，它在梧桐树下发出丁零零的声音。在荒石园的两栖类居民中，它体型最小，却最擅长远足。

当我漫步在傍晚暮色沉沉的荒石园中时，不知多少次遇到过它。忽然在我脚前有什么东西逃向一旁，翻着筋斗滚动，打断了我的沉思。是被风吹动的落叶吗？不是。是小铃蟾，我惊扰了它的旅行。它匆匆藏在一块石头、一块土块、一束小草下面，让自己激动的情绪平复下来，随即又发出清脆的铃声。

园中约有十只铃蟾，一个比一个唱得欢。它们大都蜷缩在花盆中间，花盆一行行摆放得很紧密，在我的家门前形成一个花坛。铃蟾在起劲地唱，有的声音低沉

写作借鉴

这段描写读起来就像在听一场交响音乐，高声部、低声部、回声纷纷呈现，余音绕梁，令人回味。

些，有的尖锐些，但都短促、清晰，深深钻进耳朵，音质非常清纯。这个叫一声“克吕克”；那个喉咙细一些，回应“克力克”；第三个是男高音，唱一声“克洛克”。就这样，像节假日村里教堂钟楼上的排钟那样，一直重复着：“克吕克——克力克——克洛克”“克吕克——克力克——克洛克”。

这首铃蟾歌没头没尾，但清纯质朴，十分悦耳。自然界中的音乐会都是如此。

在七月暮色里的歌手中，只有一位可以跟铃蟾那和谐的铃声比试高低，它就是长耳鸮，别称“小公爵”的夜间猛禽。这小家伙生着金黄的大眼睛，模样优雅。它的额头上有两根羽毛触角，因而被当地人称为“带角猫头鹰”。它的歌声单调得令人起腻，可是很响亮，在夜间万籁俱寂时，光是这一种歌声就可以响彻夜空。这种鸟连续几个小时对着月亮发出“去欧——去欧”的声音，节拍一直不变。

不时从远处传来好像猫叫般的声音，跟这柔和的乐声形成对照，这是猫头鹰求偶时的鸣叫。它整个白天蜷缩在橄榄树洞里，直待夜幕降临才出来吟唱。它像荡秋千似的一上一下飞翔，来到附近荒石园边上的老松树上，把它猫叫般的不协调的音符加入到田野音乐会里，不过由于距离稍远，声音还不太大。

苍白细瘦的意大利蟋蟀，虽然身材不大，却好像背着小羊皮鼓，在夜里唱出的抒情曲远远超过了蝈蝈儿。

名师点评

我的点评

阅读提示

抓住了主要特征，外形描写虽简洁却生动形象。

我的点评

名师点评

阅读提示

作者对几种主要鸣虫叫声特点的总结概括形象传神，令人印象深刻。

我的点评

它那么纤弱，我都不敢下手去抓，唯恐捏碎了它。当萤火虫为了增添联欢会的气氛，点燃蓝色的小灯笼时，意大利蟋蟀便从四面八方来到迷迭香上参加合唱。

这纤弱的演唱者有细薄的大翅膀，像云母片一样闪闪发光。凭借着这一利器，它的声音大得盖住了蟾蜍单调忧郁的歌，很像普通黑蟋蟀的歌声，但更响亮，更具强烈的颤音。

荒石园音乐会中最出色的演出者就是这几位：长耳鸮独唱忧伤的爱情歌曲，铃蟾是奏鸣曲的敲钟者，拨动小提琴E弦的是意大利蟋蟀，以及敲着小小三角铁的绿蝈蝈儿。在这一片喧闹中，绿色蝈蝈儿的声音细得听不清，它的发音器官只是一个带刮板的小扬琴；只有四周短暂安静一会儿时，我才能听到一阵阵细微的声音。

品读·理解

本章中作者为我们介绍了一些会唱歌的小动物：蝉、铃蟾、蟋蟀、绿蝈蝈、蝗虫等，它们组成了动物界的合唱队。在盛夏的夜晚，荒石园里的它们为作者上演了一场场美妙的音乐会。长耳鸮独唱忧伤的爱情歌曲，铃蟾是奏鸣曲的敲钟者，拨动小提琴E弦的是意大利蟋蟀，以及敲着小小三角铁的绿蝈蝈儿。作者对音乐会如诗如画般的描述，令人陶醉和向往。

感悟·思考

1.本章作者为我们介绍了哪几种会唱歌的昆虫，它们的歌声分别有什么特点？

2.请从文中分别找出使用比喻和拟人修辞的句子。

第十二章　蟋蟀——小心翼翼地唱着歌

名师导读

蟋蟀是一位出色的建筑师，它的住宅建造得安全舒适。住宅建好之后，它就可以开心地唱歌了。你知道它用什么乐器演奏吗？

曾经有个故事是讲述动物的，

一只可怜的蟋蟀跑出来，

到它的门边，

在金黄色的阳光下取暖，

看见了一只趾高气扬的蝴蝶儿。

她飞舞着，

后面拖着那骄傲的尾巴，

半月形的蓝色花纹，

轻轻快快地排成长列，

深黄的星点与黑色的长带，

骄傲的飞行者轻轻地拂过。

隐士说道：飞走吧，

到你们的花里去整天徘徊吧，

不论菊花白，

玫瑰红，

都不足与我低凹的家庭相比。

突然，

来了一阵风暴，

雨水擒住了飞行者，

她的破碎的丝绒衣服上染上了污点儿，

她的翅膀被涂满了烂泥。

蟋蟀藏匿着，

淋不到雨，

用冷静的眼睛看着，

发出歌声。

风暴的威严对于它毫不相关，

狂风暴雨从它的身边无碍地过去。

远离这世界吧！

不要过分享受它的快乐与繁华，

一个低凹的家庭，

安逸而宁静，

至少可以给你以不须忧虑的时光。

从这首诗里，我们可以认识一下可爱的蟋蟀了。

● 筑窠

我经常可以在蟋蟀住宅的门口看到它们正在卷动着它们的触须，以便使它们的身体的前面能够凉快一些，后面能更加暖和一些。它们一点儿也不妒忌那些在空中翩翩起舞的各种各样的花蝴蝶。相反的，蟋蟀反倒有些怜惜它们呢。蟋蟀那种怜悯的态度，就好像我们常看到的，那种有家庭的人，能体会到有家的欢乐的人，每当讲到那些无家可归、孤苦伶仃的人时，都会流露出一样的怜悯之情。蟋蟀也从来不诉苦、不悲观，它一向是很乐观的、很积极向上的，它对于自己拥有的房屋，以及它的那把简单的小提琴，都相当满意和欣慰。从某种意义上可以这样说，蟋蟀是个地道正宗的哲学家。它似乎清楚地懂得世间万事的虚无缥缈，并且还能够感觉到那种躲避开盲目地、疯狂地追求快乐的人的扰乱的好处。

确实，在建造巢穴以及家庭方面，蟋蟀可以算是超群出众的了。在各种各样的昆虫之中，只有蟋蟀在长大之后，拥有固定的家庭，这也算是它辛苦工作的一种报酬吧！在一年之中最坏的时节，大多数其他种类的昆虫，都只是在一个临时的隐蔽所里暂且躲避身形，躲避自然界的风风雨雨。因此，它们的隐蔽场所得来方便，在放弃它的时候，也并不会觉得可惜。

这些昆虫在很多时候，也会制造出一些让人感到惊奇的东西，以便安置它们自己的家。比如，棉花袋子，用各种树叶制作而成的篮子，还有那种水泥制成的塔等等。有很多的昆虫，它们长期在埋伏地点伏着，等待着时机，以捕获自己等待已久的猎物。例如，虎甲虫。它常常挖掘出一个垂直的洞，然后，利用它自己平坦的、青铜颜色的小脑袋，塞住它的洞口。如果一旦有其他种类的昆虫涉足这个具有迷惑性的、诱捕它们的大门上时，虎甲虫就会立刻行动，毫不留情地掀起门的一面来捕捉它。于是，这位很不走运的过客，

就这样落入虎甲虫精心伪装起来的陷阱里，不见踪影了。

要想做成一个稳固的住宅，并不那么简单，现在对于蟋蟀、兔子，最后是人类，已经不再是什么大问题了。在与我的住地相距不太远的地方，有狐狸和獾猪的洞穴，它们绝大部分只是由不太整齐的岩石构建而成的，而且一看就知道这些洞穴很少被修整。对于这类动物而言，只要能有个洞，苟且偷生，“寒窑虽破能避风雨”也就可以了。相比之下，兔子要比它们更聪明一些。如果，有些地方没有任何天然的洞穴可供兔子们居住，以躲避外界所有的侵袭与烦扰，那么，它们就会到处寻找自己喜欢的地点进行挖掘。

然而，蟋蟀则要比它们中的任何一位都更聪明。在选择住所时，它常常轻视那些偶然碰到的以天然的隐蔽场所为家的种类。它总是非常慎重地为自己选择一个最佳的家庭住址。它们很愿意挑选那些排水条件优良，并且有充足而温暖的阳光照射的地方。凡是这样的地方，都被视为佳地，要优先考虑选取。蟋蟀宁可放弃那种现成的天然而成的洞穴，因为这些洞都不合适，而且它们都建造得十分草率，没有安全保障，有时其他条件也很差。总之，这种洞不是首选对象。蟋蟀要求自己的别墅每一点都必须是自己亲手挖掘而成的，从它的大厅一直到卧室，无一例外。

除去人类以外，至今我还没有发现哪种动物的建筑技术比蟋蟀更加高超。即便是人类，在混合沙石与灰泥使之凝固，以及用黏土涂抹墙壁的方法尚未发明之前，也不过是以岩洞为隐蔽场所，和野兽进行战斗，和大自然进行搏击。那么，为什么这样一种非常特殊的本能，大自然单单把它赋予了这种动物呢？最为低下的动物，却可以居住得非常完美和舒适。它拥有自己的一个家，有很多被文明的人类所不知晓的优点：它拥有安全可靠的躲避隐藏的场所，它有享受不尽的舒适感。同时，在属于它自己家的附近地区，谁都不可能居住下来，成为它们的邻居。除了我们人类以外，没有谁可以与蟋蟀相比。

令人感到不解和迷惑的是，这样一种小动物，它怎么会拥有这样的才能呢？难道说，大自然偏向它们，赐予了它们某种特别的工具吗？当然，答案是否定的。蟋蟀，它可不是什么掘凿技术方面的一流专家。实际上，人们也仅仅是因为看到蟋蟀工作时的工具非常柔弱，所以才对蟋蟀有这样的工作成果，建造出这样的住宅感到十分惊奇。

那么，是不是因为蟋蟀的皮肤过于柔嫩，经不起风雨的考验，才需要这样一个稳固的住宅呢？答案仍然是否定的。因为，在它的同类兄弟姐妹中，也有和它一样，拥有柔美的、感觉十分灵敏的皮肤，但是，它们并不害怕露天待着，并不怕暴露于大自然之中。

那么，它建筑它那平安舒适的住所的高超才能，是不是由于它的身体结构上的原因呢？它到底有没有进行这项工作的特殊器官呢？答案又是否定的。

● 歌唱

在我住所的附近地区，分别生活着三种不同的蟋蟀。

这三种蟋蟀，无论是外表、颜色，还是身体的构造，和一般田野里的蟋蟀都是非常相像的。在开始时，刚一看到它们，经常就把它们当成田野中的蟋蟀。然而，就是这些由一个模子刻出来的同类，竟然没有一个晓得究竟怎样才能为自己挖掘一个安全的住所。

其中，有一只身上长有斑点的蟋蟀，它只是把家安置在潮湿地方的草堆里边；还有一只十分孤独的蟋蟀，它自个儿在园丁们翻土时弄起的土块上，寂寞地跳来跳去，像一个流浪汉一样；而更有甚者，如波尔多蟋蟀，甚至毫无顾忌、毫不恐惧地闯到我们的屋子里来，真是不请自来的客人，不顾主人的意愿。从八月份到九月份，它独自待在那些既昏暗又特别寒冷的地方，小心翼翼地唱着歌。

在那些青青的草丛之中，不注意的话，是不会发现一个隐藏着有一定倾斜度的隧道。在这里，即便是一场滂沱的暴雨，也会立刻就干了。这个隐蔽的隧道，最多不过九寸深的样子，宽度也就像人的一个手指头那样。隧道按照地形的情况和性质，或是弯曲，或是垂直。差不多如同定律一样，总是要有一叶草把这间住屋半遮掩起来，其作用是很明显的，如同一所罩壁一样，把进出洞穴的孔道遮蔽在黑暗之中。蟋蟀在出来吃周围的青草的时候，绝不会去碰这一片草。那微斜的门口，被仔细用扫帚打扫干净，收拾得很宽敞。这里就是它们的一座平台，每当四周的事物宁静时，蟋蟀就悠闲自在地聚集在这里，开始弹奏它的四弦提琴了。多么温馨的仲夏消暑音乐啊！

为了科学的研究，我们可以很坦率地对蟋蟀说道："把你的乐器给我们看看。"像各种有价值的东西一样，它是非常简单的。它和螽斯的乐器很相像，根据同样的原理，它不过是一只弓，弓上有一只钩子，以及一种振动膜。右翼鞘遮盖着左翼鞘，差不多完全遮盖着，只除去后面和转折包在体侧的一部分，这种样式和我们原先看到的蚱蜢、螽斯，及其同类相反。蟋蟀是右边的盖着左边的，而蚱蜢等昆虫则是左边的盖着右边的。两个翼鞘的构造是完全一样的，知道一个也就知道另一个了。它们分别平铺在蟋蟀的身上。在旁边，突然斜下成直角，紧裹在身上，上面还长有细脉。

如果你把两个翼鞘揭开，然后朝着亮光仔细地留意，你可以看到它是极其淡的淡红色，除去两个连接着的地方以外，前面是一个大的三角形，后面是一个小的椭圆，上面生长有模糊的皱纹，这两个地方就是它的发声器官，这里的皮是透明的，比其他的地方要更加紧密些，只是略带一些烟灰色。围绕着空隙的两条脉线中的一条呈肋状。切成钩的样子的就是弓，它长着约一百五十个三角形的齿，整齐得几乎符合几何学的规律。

这的确可以说是一件非常精致的乐器。弓上的一百五十个齿，嵌在对面翼鞘的梯级里面，使四个发声器同时振动，下面的一对直接摩擦，上面的一对是摆动摩擦的器具，它只用其中的四只发音器就能将音乐传到数百码以外的地方，可以想象这声音是如何的急促啊！

它的声音可以与蝉的清澈的鸣叫相抗衡，并且没有后者粗糙的声音。比较来说，蟋蟀的叫声要更好一些，这是因为它知道怎样调节它的曲调。蟋蟀的翼鞘向着两个不同的方向伸出，所以非常开阔。这就形成了制音器，如果把它放低一点儿，那么就能改变其发出声音的强度。根据它们与蟋蟀柔软的身体接触程度的不同，可以让它一会儿能发出柔和的低声的吟唱，一会儿又发出极高亢的声调。

蟋蟀身上两个翼盘完全相似，这一点是非常值得注意的。我可以清楚地看到上面弓的作用，和四个发音地方的动作。但下面的那一个，即左翼的弓又有什么样的用处呢？它并不被放置在任何东西上，没有东西接触着同样装饰着齿的钩子。它是完全没有用处的，除非能将两部分器具调换一下位置，那下面的可以放到上面去。如果这件事可以办到的话，那么它的器具的功用还是和以前相同，只不过这一次是利用它现在没有用到的那只弓演奏了。下面的胡琴弓变成上面的，但是所演奏出来的调子还是一样的。

最初我以为蟋蟀是两只弓都是有用的，至少它们中有些是用左面那一只的。但是观察的结果恰恰与我的想象相反。我所观察过的蟋蟀（数目很多）都是右翼鞘盖在左翼鞘上的，没有一只例外。

我甚至用人为的方法来做这件事情。我非常轻巧地，用我的钳子，使蟋蟀的左翼鞘放在右翼鞘上，绝不碰破一点儿皮。只要有一点儿技巧和耐心，这件事情是容易做到的。事情的各方面都得很好，肩上没有脱落，翼膜也没有皱褶。

我很希望蟋蟀在这种状态下仍然可以尽情歌唱，但不久我就失望了。它

开始恢复到原来的状态。我一而再再而三地摆弄了好几回，但是蟋蟀的顽固终于还是战胜了我的摆布。

后来我想，这种试验应该在翼鞘还是新的软的时候进行，即在蛴螬刚刚蜕去皮的时候。我得到刚刚蜕化的一只幼虫，在这个时候，它未来的翼和翼鞘形状就像四个极小的薄片，它短小的形状和向着不同方向平铺的样子，使我想到面包师穿的那种短马甲，这蛴螬不久就在我的面前，脱去了这层衣服。

小蟋蟀的翼鞘一点儿一点儿长大，渐渐变大，这时还看不出哪一扇翼鞘盖在上面。后来两边接近了，再过几分钟，右边的马上就要盖到左边的上面去了。我知道是我加以干涉的时候了。

我用一根草轻轻地调整鞘的位置，使左边的翼鞘盖到右边的上面。蟋蟀虽然有些反抗，但是最终我还是成功了。左边的翼鞘稍稍推向前方，虽然只有一点点。于是我放下它，翼鞘逐渐在变换位置的情况下长大。蟋蟀逐渐向左边发展了。我很希望它使用它的家族从未用过的左琴弓来演奏出一曲同样美妙动人的乐曲。

第三天，它就开始了。先听到几声摩擦的声音，好像机器的齿轮还没有切合好，正在把它调整一样。然后调子开始了，还是它那种固有的音调。

唉，我过于信任我破坏自然规律的行为了。我以为已造就了一位新式的奏乐师，然而我一无所获。蟋蟀仍然拉它右面的琴弓，而且常常如此拉。它因拼命努力，想把我颠倒放置的翼鞘放在原来的位置，导致肩膀脱臼，现在它已经经过自己的几番努力与挣扎，把本来应该在上面的翼鞘又放回到原来的位置上，应该放在下面的仍放在下面。我想把它做成左手的演奏者的方法是缺乏科学性的。它以它的行动来嘲笑我的做法，最终，它的一生还是以右手琴师的身份度过的。

乐器已讲得够多了，让我们来欣赏一下它的音乐吧！蟋蟀是在它自家的门口唱歌的，在温暖的阳光下面，从不躲在屋里自我欣赏。翼鞘发出“克利

克利”柔和的振动声。音调圆满，非常响亮、明朗而精美，而且延长之处仿佛无休止一样。整个春天寂寞的闲暇就这样消遣过去了。这位隐士最初的歌唱是为了让自己过得更快乐些。它在歌颂照在它身上的阳光，供给它食物的青草，给它居住的平安隐蔽之所。它的弓的第一目的，是歌颂它生存的快乐，表达它对大自然恩赐的谢意。

到了后来，它不再以自我为中心了，逐渐为它的伴侣而弹奏。但是据实说来，它的这种关心并没收到感谢的回报，因为到后来它和它的伴侣争斗得很凶，除非它逃走，否则它的伴侣会把它弄成残废，甚至会吃掉它一部分的肢体。不过无论如何，它不久总要死的，就是它逃脱了好争斗的伴侣，在六月里它也是要死亡的。听说喜欢听音乐的希腊人常将它养在笼子里，好听它们的歌唱。然而我不信这回事，至少是表示怀疑。

第一，它发出的略带烦嚣的声音，如果靠近听久了，耳朵是受不了的，希腊人的听觉恐怕不见得爱听这种粗糙的来自田野间的音乐吧！

第二，蝉是不能养在笼子里面的，除非我们连洋橄榄或榛系木一齐都罩在里面。但是只要关一天，就会使这喜欢高飞的昆虫厌倦而死。

将蟋蟀错误地作为蝉，就像将蝉错误地当作蚱蜢一样，并不是不可能的。如果如此形容蟋蟀，那么是有一定道理的。它被关起来是很快乐的，并不烦恼。它长住在家里的生活使它能够被饲养，它是很容易满足的。只要它每天有莴苣叶子吃，就是被关在不及拳头大的笼子里，它也能生活得很快乐，不住地叫。雅典小孩子挂在窗口笼子里养的，不就是它吗。

布罗温司的小孩子以及南方各处的小孩子们，都有同样的嗜好。至于在城里，蟋蟀更成为孩子们的珍贵财产了。这种昆虫在主人那里受到各种恩宠，享受到各种美味佳肴。同时，它们也以自己特有的方式来回报好心的主人，为他们不时地唱起乡下的快乐之歌。因此，它的死能使全家人都感到悲哀，

足可以说明它与人类的关系是多么亲密了。

我们附近的其他三种蟋蟀都有同样的乐器，不过细微处稍有一些不同。它们的歌唱在各方面都很像，不过它们身体的大小各有不同。波尔多蟋蟀，有时候到我家厨房的黑暗处来，是蟋蟀一族中最小的，它的歌声也很细微，必须要侧耳静听才能听得见。

田野里的蟋蟀，在春天有太阳的时候歌唱，在夏天的晚上，我们则听到意大利蟋蟀的声音了。它是个瘦弱的昆虫，颜色十分浅淡，差不多呈白色，似乎和它夜间行动的习惯相吻合。如果你将它放在手指中，你会担心把它捏扁。它喜欢待在高高的空气中，例如在各种灌木里，或者是比较高的草上，很少爬下地面来。在七月到十月那些炎热的夜晚，它甜蜜的歌声，从太阳落山起，继续至半夜也不停止。

布罗温司人都熟悉它的歌声，最小的灌木叶下也有它的乐队。很柔和很慢的“格里里，格里里”的声音，加以轻微的颤音，格外有意思。如果没有什么事打扰它，这种声音将会一直持续并不改变，但是只要有一点儿声响，它就变成迷人的歌者了。你本来听见它在你面前很靠近的地方，但是忽然你听起来，它已在十五码以外的地方了。但是如果你向着这个声音走过去，它却并不在那里，声音还是从原来的地方传过来的。其实，也并不是这样的。这声音是从左面，还是从后面传来的呢？一个人完全被搞糊涂了，简直辨别不出歌声发出的地点了。这种距离不定的幻声，是由两种方法造成的。声音的高低与抑扬，根据下翼鞘被弓压迫的部位而不同，同时，它们也受翼鞘位置的影响。如果要发较高的声音，翼鞘就会抬举得很高；如果要发较低的声音，翼鞘就低下来一点。淡色的蟋蟀会迷惑来捕捉它的人，用它颤动板的边缘压住柔软的身体，以此将来者搞得昏头转向。

在我所知道的昆虫中，没有其他的歌声比蟋蟀的更动人、更清晰的了。

在八月夜深人静的晚上，可以听到它。我常常俯卧在我哈麻司里迷迭香旁边的草地上，静静地欣赏这种悦耳的音乐。那种感觉真是十分的惬意。

意大利蟋蟀聚集在我的小花园中，在每一株开着红花的野玫瑰上，都有它的歌颂者，欧薄荷上也有很多。野草莓树、小松树，也都变成了音乐场所。并且它的声音十分清澈，富有美感，特别动人。所以在这个世界中，从每棵小树到每根树枝上，都飘出颂扬生存的快乐之歌。简直就是一曲动物之中的“欢乐颂”！

天鹅高高的在我头顶上，飞翔于银河之间，而在地面上，围绕着我的，有昆虫快乐的音乐，时起时息。微小的生命，诉说它的快乐，使我忘记了星辰的美景，我已然陶醉于动听的音乐世界之中了。那些天眼，向下看着我，静静的，冷冷的，但一点也不能打动我内在的心弦。为什么呢？因为它们缺少一个大的秘密——生命。确实，我们的理智告诉我们：那些被太阳晒热的地方，同我们的一样，不过终究说来，这种信念也等于一种猜想，这不是一件确定无疑的事。

在你的同伴里，相反的啊，我的蟋蟀，我感到生命的活力，这是我们土地的灵魂，这就是为什么我不看天上的星辰，而将注意力集中于你们的夜歌的原因了。一个活着的微点——最小最小的生命的一粒，它的快乐和痛苦，比无限大的物质，更能引起我的无限兴趣，更让我无比地热爱你们！

感悟·思考

1.在各种各样的昆虫之中，只有哪种昆虫在长大之后，拥有固定的家庭？

2.作者在文中说他对美丽的星空不感兴趣，这是为什么？

第十三章　蝗虫——追逐阳光的歌手［精读］

名师导读

孩子们都喜欢到草地上捉蝗虫，蝗虫是他们童年的伙伴。你知道吗？蝗虫喜欢在阳光下唱歌，阳光越明媚，它就唱得越欢快。

抓蝗虫

“孩子们！明天，在气温还不太热以前，都准备好了，我们去抓蝗虫！”这是我们农村孩子经常听到的一句话。在我们的心中，蝗虫总是和偷吃庄稼、危害人类的消极意义联系在一起。所以当孩子们一听到“抓蝗虫”，全都兴奋起来。因为在我们心中，捉蝗虫不仅仅保护了庄稼，而且也没有任何血腥的场景，是轻轻松松的狩捕活动。

谈到蝗虫，我们不如想一想，它究竟是什么样子呢？蓝色的或红色的翅膀，突然像扇子一样张得大大的。它们的长腿是天蓝色的或者玫瑰红色的，还带着锯齿，有力地蹬踏着地面。粗粗的后腿就像弹簧一样，可

名师点评

写作借鉴

用设问句来和读者进行互动交流，让读者与作者一起展开想象的翅膀，文章因此显得亲切生动。

名师点评

写作借鉴

四字词语连用，简洁有力，增强了文章的气势和整体感。

阅读提示

用反问句增强了语气，也更加肯定了自己的观点。

以让它弹跳得很高。

我知道抓蝗虫是一件吸引孩子们的事情，所以我叫上了两个小孩子当我的助手。其中，男孩名叫保尔，女孩叫玛丽。只见小保尔身体轻巧，手脚灵活，他在菊花簇里面看见了一只正在沉思的蝗虫。当他靠近时，蝗虫却如惊弓之鸟一样突然飞起。小保尔拼命地追，可还是让它给跑了。玛丽就要幸运一些，她发现了一只蝗虫，然后举起手，靠近，靠近，按下。哈，逮住了！

就这样，我们一块儿抓了各种各样的蝗虫。面对这些战利品，我第一个问题是：“你们在庄稼方面有什么作用呢？”书上把你们说得很坏，但是我却不完全同意。

蝗虫不过就吃掉了几片叶子罢了，哪有那么罪恶滔天。如果没有蝗虫，问题还会更多一些。没有了蝗虫，农民家养的火鸡就会失去美餐，那么它们怎么能够长出结实鲜美的鸡肉供人们在圣诞之夜享用呢？母鸡也喜欢吃蝗虫，它非常了解蝗虫可以提高自己的繁殖能力，使自己下蛋。还有呢，法国南方的著名特产红胸斑山鹑，美味至极，它们也是酷爱吃蝗虫的。图赛内尔地区有种具有优美歌喉的候鸟，长到九个月就非常肥美，它们的饮食习惯首选是蝗虫，然后才选其他昆虫。

有的时候，人还吃蝗虫呢！当然，人吃蝗虫需要有很好的肠胃才行。我就曾经抓了一大把肥大的蝗虫，抹上牛油和盐，煎熟以后，分给孩子们当晚餐吃。它们的

名师点评

味道挺好的，有点像虾的味道，也有点像螃蟹的味道。总之，我并不认为蝗虫有百害而无一益。

● 乐曲声

这种浑身上下充满营养成分的，向许多土著居民提供食物的昆虫，拥有乐器来表达它的欢乐。一只在阳光下面享受日光浴的蝗虫，突然发出了一点儿声音。这个声音非常微弱，弱得我们都不敢肯定是否有声音传出。这种声音就像是针尖划过纸片的声音。它时断时续地发出声音，反复几次，然后停顿一会儿。这就是蝗虫弹出的音乐。

我的点评

蝗虫是如何弹出音乐的呢？让我们先看看意大利蝗虫吧。这种蝗虫的后腿呈流线型，非常美丽，腿的每一面有两条竖着的粗肋条，而粗肋条之间有很多“人”字形的细肋条。仔细看看这些肋条，你会发现它们都非常光滑。在翅膀的下部边缘长着粗壮的纹脉。当蝗虫想弹奏乐曲的时候，它就将自己的腿不停地抬高、放低，形成一种颤动。它的腿部在颤动中摩擦着身体的侧面，就像我们在搓自己的双手一样，发出一丁点儿声音。

阅读提示

作者敏锐的观察力令人佩服；用人搓双手发出的声音来类比蝗虫的发声，直观形象，易于理解。

一种如此简陋的乐器，是不可能奏出复杂华丽的音乐的。蝗虫跟螽斯不同，它没有带锯齿的琴弓，也没有绷得像音簧似的振动膜。它们只是在后腿的侧面生着两条竖的粗肋条，在粗肋条周围，排列着阶梯似的一系列

名师点评

我的点评

“人”字形的细肋条，而跟后腿摩擦的臀区也没有任何特别之处。这样简陋的发音器能发出什么声音呢？就像一块干皱的皮膜所发出的声音。

当天空轻云片片，太阳时隐时现时，我们来观察蝗虫吧。你瞧，太阳露出来了，蝗虫的后腿开始一上一下地抖动，阳光越强越热，那抖动就越剧烈，并且只要阳光照射着，它就一直抖动——唱个不停；而一旦太阳被云遮住，蝗虫的歌唱立即停止；等到阳光重现时，歌唱重新开始。这便是热爱阳光的蝗虫表述自己舒适欢乐的简单直接的方式吧！

并不是所有的蝗虫都用摩擦身体来表示欢乐的。长鼻蝗虫的腿非常长，但即使太阳晒得暖洋洋的，它也闷不作声。我从没见过它摆动自己的后腿作为琴弓。它的腿那么长，但除了跳跃，却没有别的用场。

灰蝗虫的腿看起来也很长，它也不用它们奏响音乐。灰蝗虫自有与众不同的表示高兴的方式。即使是在隆冬季节，这种大虫子也会经常出现在荒石园里。遇上风和日暖时候，我会看到它停在迷迭香枝干上，张开翅膀，好像要飞起来，迅速拍打几分钟。那双翅膀拍打得虽然非常急速，发出的声音却几乎听不见。

阿尔卑斯山地区生长着不少红股秃蝗，模样很有趣。在那儿，遍地长着帕罗草，像覆盖大地的银色地毯，红股秃蝗就在那上面溜达散步。它穿着短短的紧身上衣，像点缀其间的花儿一样鲜艳。

阅读提示

大量比喻修辞的运用，使得文章生动、形象；拟人修辞的运用，极富情态。

红股秃蝗的穿着既优雅又简朴，背像淡棕色的缎子，肚子黄色，后腿基节呈珊瑚红色，腿节呈天蓝色，非常漂亮，胫节远看像戴着一只象牙色的脚镯。

虽然它着装艳丽，但模样仍然像若虫，仍然穿着很短的衣服。红股秃蝗的前翅粗糙，彼此间隔开，好似西服的后摆，长不超过腹部第一个环节，后翅更短，连前胸也遮不住。初次见到的人会把它当作若虫，但其实它已是发育完全的成虫了。红股秃蝗至死都是未穿衣服的模样。

如果说别的蝗虫发出的声音很轻微，那么红股秃蝗则跟长鼻蝗虫一样，完全不发音。我们中间耳朵最灵敏的人，再用心去听也没有用，我喂养了它三个月，却没有听见过任何声音。这种默不作声的虫子，一定会有其他办法来表达自己的欢乐，召唤情侣的。然而是什么办法呢？我不知道。

名师点评

我的点评

我的点评

品读·理解

在一般人心目中，蝗虫总是和偷吃庄稼、危害人类的消极意义联系在一起。但作者却并不完全同意这个观点，在描述一个有趣的抓蝗虫的童年经历后，他通过列举一系列事例，论证出以粮食作为食物的蝗虫还是为人类做出了一些有益贡献的。在文中作者还比较了意大利蝗虫、长鼻蝗虫、灰蝗虫、红股秃蝗在体型、习性和弹奏音乐方面的细微区别，让我们不得不由衷地佩服作者在昆虫学方面的丰富知识和高超的观察能力。

感悟·思考

1.请从下面一段话中找出两种修辞手法。

在那儿，遍地长着帕罗草，像覆盖大地的银色地毯，红股秃蝗就在那上面溜达散步。它穿着短短的紧身上衣，像点缀其间的花儿一样鲜艳。

2.本文结尾处作者在描写默不作声的红股秃蝗时写道：“它一定会有其他办法来表达自己的欢乐，召唤情侣的。然而是什么办法呢？我不知道。”现在，请你充分发挥想象力，来描述一下它可能采用的办法。

第十四章　被管虫——聪明的裁缝

名师导读

它有着人类般伟大的母爱，它有着灵巧的制作毛毯衣服的手艺；它是那么的警惕，又是那么的可爱。聪明的你猜出来了吗？对了，它就是我们可爱的小被管虫！

● 衣冠齐整的毛虫

当春天来临的时候，只要长着一对眼睛，可以看清楚世界上任何东西的人，在破旧的墙壁和尘土飞扬的大路上，或者是在那些空旷的土地上，都能够发现一种奇怪的小东西。

那是一个小小的柴束，不知因为什么，它能自由自在地行动，一跳一跳地向前走动。没有生命的东西变成了有生命的东西，不会活动的居然能够跳动了。这究竟是怎么一回事呢？

这一点的确非常稀奇，而且很令人感到奇怪。不过如果我们靠近些仔细地看一看，很快就能解开这个谜了。

在那些会动的柴束中，有一条特别漂亮、特别好看的毛虫。在它的身上装饰着白色和黑色的条纹。大概它正在寻找自己的食物，又或许它正在寻找一个可以安全地化成蛾的适当的地点。对于这些让人猜测不透的动作，以后它会用自己的所作所为为我们释疑的。

它懦怯地朝前方急切地行走着，总是穿着树枝做成的奇异的服装，完全把自己的身体遮挡住了，只有除掉头和长有六只短足的前部暴露在外面。

它只要受到一点儿小小的惊动，就会本能地隐藏到这层壳里去，而且一动也不动了，生怕一不小心被其他的东西侵害了。这显然是出于自我保护的本能。

一束柴枝之所以走动的答案，就在于它是柴把毛虫，属于被管虫一类的。

为了防御气候的变化，这个既非常害怕寒冷又全身裸体的被管虫，建筑起了一个属于它自己的很轻便又很舒服的隐蔽的场所，一个能够移动的安全的茅草屋。

在它还没有变成蛾的时候，它一刻也不敢贸然离开这间茅屋。这确实要比那种装有轮盘的草屋要好一些，它完全像是由一种特殊的材料制作而成的隐士们穿的保护外衣。

邓内白，山谷里的农夫，穿着一种用兰草带子紧紧扎住的外衣，而且是羊皮的，皮板朝里，羊皮朝外的。特别是居住在深山里的农夫，尤其是黄土高坡上的农夫，这种穿着打扮更是常见，他们的头上还要系一条白色的羊肚毛巾。相比较而言，被管虫的外衣，比这种打扮还要草率一些，因为它们只是拿一个简简单单的柴枝做成一件再朴素不过的外衣而已，没有任何过多的装饰物品。可见，它们是多么不拘小节啊！四月里，在我们家的作坊上面有很多昆虫，在这些墙上能够发现很多的被管虫，它们都向我提供了十分详尽的常识，如果它是在蛰伏的状态下，这就表示它们不久就要变成蛾子了。这是最好的机会，使我能够直接地仔细地观察它的柴草外衣。

这些外衣形状都是一个样子的，真的很像一个纺锤，大约有一寸半那么

长。那位于前端的细枝是固定的，而末端则是分散开的，它们就是这样排列着的，要是没有什么其他更好的可以当作保护的地方，那么这里就是可以抵挡日光与雨水侵袭的避难场所了。

在不认识它以前，乍一看上去，它真像一捆普通的草束。不过用“草束”这两个字还不能准确形容它的样子，因为麦茎实在是很少见得到的。

它这件外衣的主要材料是那些光滑的、柔韧的、富有木髓的小枝和小叶，其次则是些草叶和柏树的鳞片枝等，最后如果材料不够用了，就采用那些干叶的碎片和碎枝。

总之，小毛虫遇到什么就使用什么，只要它是轻巧的、柔韧的、光滑的、干燥的、大小适当的就可以了。所以，它的要求还不算苛刻。

它所利用的材料完全都是依照其原有的形状，一点儿都不加以改变。也就是说既保持原有材料的性质，又保持原有材料的形状。

对于过长的材料，它也不会稍作修整，使其达到适合的、适当的长度。造屋顶的板条也直接被它拉过来使用。它的工作只不过是把前面固定好就行了。这在它是很简单易行的。

因为想要让旅行中的毛虫自由地行动，特别是在它装上新枝的时候，仍然能够使头和足自如地活动，这个匣子的前部必须用一种特别的方法装置而成。仅仅是用树枝装饰成的匣子对它而言是不适用的，理由很简单：它的枝特别长，而且还很硬实，这大大妨碍了这位勤劳的工人的工作，使它不能尽职尽责。

它所需要的，是必须拥有一个柔软的前部，使得它可以向任何方向自由地转来转去，从而高兴地完成本职工作。

所以那些硬树枝，在离开毛虫前部相当远的地方，就中止了，取而代之的是一种领圈，那里的丝带只是用一种碎木屑来衬托，这样一来，既增加了

材料的强度和韧性，也不会妨碍毛虫的弯曲性。这样一个能够使毛虫自由行动和弯曲的领圈是非常重要的，并且绝对不可缺少的，以至于无论它的做法有怎样的不同，所有的被管虫都肯定会用到它。

在柴束前部，有一张装得下自由转动的头部，触摸起来让人觉得很柔软，内部是用纯丝织成的网，外面包裹着绒状的木屑。这种木屑，是毛虫在割碎那些干草的时候得到的。

我把草匣的外层轻轻地剥掉，将它撕碎，发现里面有很多极细的枝干，我曾经仔细地数过，有八十多个呢。在这里面，从靠近毛虫的这一端到那一端，我又发现了同样的内衣，在把它的外衣打开以前，只有中部与前端是可以看见的，而现在则可以看到全部了。这种内衣全都是由坚韧的丝做成的，这种丝的韧性是很强的，人用手都不能把它拉断。这是一种光滑的组织，其内部是美丽的白颜色，外部是褐色的，而且是有皱纹的，还有细碎的木屑分散地装饰在上面。

于是，我要看看毛虫是如何做成这件精巧的外衣的了。这件外衣内外共有三层，它们互相按一定次序叠加在一起。第一层是极细的绫子，它可以和毛虫的皮肤直接接触；第二层是粉碎的木屑，用来保护衣服上的丝，并使之坚韧；最后一层是小树枝做成的外壳。

虽然各种被管虫全都穿上了这种三层的衣服，不过各个种族的外壳却有所不同。比如，有一种，六月底我在靠近屋子旁边的尘土飞扬的大路上遇见的，它的壳无论从形式还是做法上，比前边提到过的哪一种都更加高明一些。它外面的厚披是用很多片材料制作而成的，比如那种空心树干的断片，细麦秆的小片，还有那些青草的碎叶等。在壳的前部，简直找不到一点儿枯叶的痕迹。我先前所说的那一种，是常常有的，但那足以妨碍其美观。在它的背部，也没有什么长的突出物，长出外皮之后，除去颈部的领圈之外，这个毛

虫的全身都武装在那个用细杆做成的壳里面。总体上的差别并不是很大，不过最显著的一点差异就是它有比较完整的外观。

还有一种身材比较小，衣服穿得比较简易一些的被管虫，在冬天快要结束的时候，在墙上或树上，在树皮多皱的老树上，比如洋橄榄树，或榆树上，常常可以发现它的踪迹。当然，在其他的地方也会见到。它的壳非常小，常常还不到一寸的五分之二长。它随意地拾起一些干草，然后把它们平行地黏合起来，除去丝质的内壳以外，这就是它全身衣服的材料。

衣服要穿得更经济、更便宜，而且看上去更漂亮、更美丽，那是难度更大的事情了。

● 良母

如果我们在四月的时候捉几条幼小的被管虫，把它们放在铁丝罩子里面，关于它们的一些事实，我们可以看得更多一点儿，也可以观察得更清楚一点儿了。

这时它们中的多数还是处在蛹的时代，等待着有朝一日变成蛾子。但是它们并不都是那么安分守己地静静地待着，有的比较活跃好动一些，它们会自豪地慢慢地爬到铁丝格子上去。在那里，它们会用一种丝质的小垫子，把身体固定好，无论是对它们而言还是对我而言，都要耐心地等待几个星期，然后，才会有一些事情发生。

到了六月底的时候，雄性的幼虫从它的壳里跑出来了，它不再是什么毛虫了，已经变成蛾子了。

这个壳，即一束细杆，你应当记得，它有两个出口，一个在前面，另一个在后面。前面的一个，是这个毛虫很谨慎、很小心地制作的，是永远封闭着的，因为毛虫要利用这一端钉在支持物上，以便使蛹得以固定在上面。因此，孵化的蛾必须从后面的口钻出来，在毛虫还没有变化成蛾子之前，要在壳内先转一个身，然后，才会慢慢地出来。

虽然雄蛾只穿着一件十分简单的黄灰色的衣服，只有和苍蝇差不多大小的翼翅，然而，它却是异常漂亮的。它们长有羽毛状的触须，翼边还挂着细须头。

至于雌蛾，则很少能够在一些比较显眼暴露的地方捕捉到，而且，它们当中的大多数是很难见到的。

比别的昆虫迟几天以后，它才姗姗来迟地从壳里钻出来，其形状简直是难看到了极点，这个怪物也就是雌蛾。当你刚刚见到它的时候，甚至会惊吓地叫起来。也许它的样子会吓你一跳的。没有人能够马上就习惯眼前这个凄惨的情形。它的难看程度并不比那些毛虫差些。它没有长翅膀，什么都没有，在它背的中央，连毛也没有，光秃秃、圆溜溜的。人们简直无法睁开眼睛看它一眼。在它圆圆的有装饰的体端，戴有一顶灰白色的小帽子，第一节上，在背部的中央，长着一个大大的、长方形的黑斑点——这便是它身体唯一的装饰物，母被管虫放弃了蛾类一切的美丽。这就是怪物般的雌蛾形象。

当它离开蛹壳的时候，就开始在里面生卵。于是，母亲的茅屋（即它的大衣）就留传给它的后代子孙了。它的卵产得很多，所以这产卵的时间也很长，要经过三十个小时以上。

产完卵后，它将门关闭起来，使卵免受外来的侵扰，从而获得种安全感。为了达到这个目的，某种填塞物是必要的。于是这位溺爱的母亲，在它一贫如洗、穷困潦倒的情况下就只能利用自己仅有的衣服了。也就是说要利用戴在它体端的那顶丝绒帽子，塞住门口，以保母子平安，安然无恙地生活。

它所做的还不限于此，最后它还要拿自己的身体来做屏障。经过一次激烈的震动以后，它死在了这个新屋的门前，留在那里慢慢地干掉，即使在死后，它还依然留守在阵地，为了下一代，死了也甘心。别看它外表上看起来丑陋不堪，但实际上它的内心、它的精神是很伟大的。

假如破开外面的壳，我们可以看到那里面储存有蛹的外衣，除去前面蛾子钻出来的地方留下的孔以外，其他地方一点儿也没有受到损伤，雄蛾要从这个狭小的隧道中出来的时候，会感觉到它的翼和羽毛是很笨重的负担，而且对它形成了一定的阻力。

因此，当毛虫还处在蛹的时代时，就拼命地朝门口奔跑出将近一半的旅程来。最后终于成功地撞出琥珀色的外衣来，在它的前面，出现了一块开阔的场所，可以允许它自由地飞行了。

但是，母蛹不长翼，也不生羽毛，用不着经过这种艰难的步骤。

它的圆筒形的身体是裸露出来的，和毛虫没有多少区别。所以可以容许它在狭小的隧道中爬出爬进，一点儿困难也没有。因此它把外衣抛弃在后面——抛在壳里面，作为盖着茅草的屋顶。

同时，还有一种非常深谋远虑的举动，足以表现出它对卵的命运有极其深切的关心，事实上它们已经好像是被装在桶里面了，在它脱下的羊皮纸状的袋子里，母蛾已经非常有技巧地把卵产在里面了，直到把它装满为止。但是仅仅把它的房子与丝绒帽子遗传给子孙，这并不能让它感到满足，最后还要把自己的皮也奉献出来留给子孙后代，在它身上，“可怜天下父母心”这句话得到了最好的体现。

我想方便地观察这件事情的过程，于是不止一次从柴草的外壳里捡来一只装满卵的蛹袋，并把它放在玻璃管中。在七月的第一个星期里，我忽然发现我竟然拥有了一个兴旺的被管虫大家族。它们孵化的速度是如此之快，差不多有四十只以上的新生的毛虫，竟在我没有看见的时候，在我还没来得及注意的时候，统统都穿上衣服了。

它们穿的衣服像由光亮的白绒制作而成，说得普通一点、通俗一些，就像一种白棉的礼帽，只是没有帽缨子。

不过说起来很奇怪，它们的这顶帽子不是戴在头顶上的，而是从尾部一直披到前面来的，它们在这玻璃管里非常得意地跑来跑去，因为这是属于它们自己的广阔的屋子啊！因此，我就想要看一看这顶帽子，究竟是由哪种材料做成的，织造的初步程序又是什么样的。

幸运得很，蛹袋是不大会变空的。在里面，我又找到了它们第二个大家族，其数目和先前跑出去的差不多，总有五打或六打的卵在里面。

我把那些已经穿好衣服的毛虫拿走，只留下这些裸露着身体的新房客在玻璃管里面，它们有鲜红的头部，身体的其余部分全都是灰白色的，全身还不足一寸的二十五分之一长。

我等待的时间并不长久，从第二天开始，这些小动物，慢慢地，成群结队地，开始离开它们的蛹袋，用不着把这些摇篮弄破，只从它们母亲在当中弄破的口中出来就行了。

虽然它们都有洋葱头般的、漂亮的琥珀色，但是，没有一个把它拿来用做衣服的材料，也没有一个利用那些柔软摇床的毛绒，谁都可能会以为这种材料可以做成这些怕冷的动物的毛毯，但是事实上没有一个小动物去利用它一下。

它们一起冲到柴枝壳粗糙的外面，那是我故意为它们留下来的，而且直接靠近那个装有卵的蛹袋，于是这些小动物们开始感觉到它们面临的情况有些不对头。于是便产生了一种迫切感。

在你还未进入世界去打猎的时候，首先要做的是必须穿好自己的衣服，这一点对于这些小动物们同样是适用的。它们也一样地焦急，恨不得马上攻破这个令人厌倦的陈旧的老壳，赶紧穿上准备好的安全的外衣。

它们之中有的注意到了已经咬裂开的细枝，撕下那柔软的洁白的内层。有的很大胆，深入到空茎的隧道，在黑暗中努力收集一些材料，它们的勇敢当然会有所报酬的，它们得到了极其优等的材料，用这些织成雪白的衣服，还有一些毛虫加入了一些它们所选择的东西，制作成了杂色的衣服，于是雪白的颜色给黑的微粒玷污了。

小毛虫制作衣服的工具就是它们的大头，其形状很像一把剪刀，并且它还长有五个坚硬的利齿，这把剪刀的刀口靠得很紧凑。虽然它实际上很小，但它却很锋利，刀很快，能夹住也能剪断各种纤维。

把它放在显微镜下可以清楚地观察到，小毛虫的这把剪刀竟然是有机械的，而且是强有力的奇异标本。

如果羊也具备这样的工具的话，并且与它的身体成一定的比例，那么羊也就可以不光吃草而且也能吃树干了。由此可见，小毛虫的头可不能等闲视之啊！

观察这些被管虫的幼虫制造棉花一样的灰白色的礼帽，这一点很能够启发人们的智慧。无论是它们工作的行程，或是它们所应用的方法，都有很多值得人们注意的地方。它们太微小，也太纤弱了。当我用放大镜观察它们时，必须非常小心，非常仔细，既不敢使劲呼吸、喘粗气，也不敢大声说话，哪怕稍有一点儿不小心，就会惊扰了它们，也许会把它们移动了位置，或者可能一口气把它给吹跑了。

别看这个小东西是如此微小，但是，它可是一位有着高超的制造毛毯技术的专家，这个刚刚生下来一小会儿的小孤儿，竟然天生就知道怎样从它母亲留给它的旧衣服上裁剪下自己的衣服来。它所采用的方法，我现在

可以告诉人们，不过在此之前，我必须先交代一点儿关于它死去的母亲的事情。

我已经说过铺在蛹袋里的毛绒被，它很像一只鸭绒的床铺，软软乎乎，舒舒服服的，小毛虫钻出卵以后，就睡在这张床上面休息一会儿，从而获得足够的温暖，并为到外面的世界中工作做好准备。

野鸭会脱下身上的绒毛，用它为子孙后代做成一张华丽舒适的床。母兔则会剪下身上最柔软的毛，为它新出生的儿女做一张温暖的垫褥。母被管虫也做着同样的事情。看来，天下的母亲总是有一定的共性的，这种共性也是它们的本能所决定的，那就是无私地疼爱自己的儿女。

母亲会用一块柔软的充塞物，给小毛虫做出温暖的外衣，这材料精细而美观。从显微镜下仔细地观察，可以看到上面有一点儿一点儿的鳞状片体，这就是它为小儿女们制作衣服的最好的呢绒材料。小幼虫不久就会在壳里出现，因此要给它们准备好一个温暖的屋子，让它们可以在里面自由地游戏玩耍。在它们还没有进入到广大的世界里去之前，可以在里面修养，积蓄力量。所以母蛾像母兔、母鸭一样从身上取下毛来，为儿女不辞辛劳地建造美好的天地。

这大概是以一种非常机械的方式进行的，好像是连续不断地摩擦墙壁而且并不是有意识的有心的举动一样，然而的确没有理由向我们证实确实如此，甚至连最蠢笨的母亲也有它自己的先见之明。这位看上去似乎有毛病的蛾子翻来覆去地打着滚，在狭窄的通道中跑来跑去，想方设法地把自己身上的毛弄下来，给它的家族制作舒适的床铺。

有些书上说，小被管虫自从有了生命以后，就会吃掉它们的母亲。我却始终也没有看到过这种情形发生，而且也不知道这个说法是怎样传说起来的。事实上，它已经为它的家族奉献、牺牲了那么多，最后自己只留下干干的、

薄薄的一个条，还够不上这众多小子孙们的一口食物。实际上我的小被管虫们，它们是不吃母亲的。我看到的是它们自从穿上衣服以后，一直到自己开始吃食的时候，没有一个曾经咬过自己已死的母亲的身体。

● 聪明的裁缝

现在我要详细地讲一讲这些小幼虫的衣服了。

卵的孵化是在七月初开始的，小幼虫的头部和身体的上部呈现出鲜明的黑色，下面的两节，是带棕色的，其他部分都是灰灰的琥珀色。它们是十分精锐的小生物，跑来跑去的脚步很短小，但是很快。

它们从孵化地点的袋里钻出来以后，有一段时间，它们仍然需要待在从它们的母亲身上取来的绒毛堆里。这里要比它们钻出来的那个袋子更加空旷舒适一些。绒毛堆里，它们有些在休息，有些十分忙乱，比较心急一些的已经开始练习行走了。它们全体在离开外壳以前，都在修身养性，增强体质，以迎接未知世界风雨的洗礼。

在这个看上去比较奢华的地方，它们却并不留恋。等到它们的精力逐渐充沛起来，就纷纷爬出来散布在壳上面。随后积极的工作就开始了，逐渐将自己穿着打扮起来。食物问题以后才会想起来解决，目前却只有穿衣服是最要紧的事情，看来这些小家伙把脸面上的事看得很重。

蒙坦穿上他父亲曾经穿过的衣服时，常常说："我穿起我父亲的衣服了。"如今，幼被管虫同样穿起自己母亲的衣服（这同样必须记清，不是它身上的皮，而是它的衣服）。它们从树枝的外壳，也就是我有时称作屋子，有时称作衣服的那种东西，剥取下一些适当的材料，然后开始利用这些材料给自己做衣服。它所用的材料都是小枝中的木髓，特别是裂开的几枝，主要是因为它

的髓更容易取到的缘故。

它们制作衣服的方法倒是非常值得注意的。这个小动物所采用的方法，真是超出我们人类的想象力，它是那样的灵巧，那样的细致，那样的精心。这种填塞物都被弄成极其微小的圆球。那么这些小圆球是怎样连接在一起的呢？这位小裁缝需要一种支持物，作为一个基础。而这个支持物又不能是从毛虫自己的身体上得来的。这个困难并不能难倒这些聪明的小家伙：它们把小圆球聚集起来弄成一堆，然后依次用丝将它们一个个绑起来。于是，困难就这样被克服了。你已经知道了，毛虫是能从自己身上吐出丝来的，就像蜘蛛能吐丝织网一样。采用这种方法，把圆球或微粒连接在同一根丝上，做成一种十分好看的花环，等到足够长了以后，这个花环就围绕在这个小动物的腰间，留出六只脚，以便行动自由，末梢再用丝捆住，于是就形成了一根圈带，围绕在这个小幼虫的身上。

这个圈带就是所有工作的起点和幼虫所需的支持物，完成第一道工序以后，小幼虫再用大腮从壳上取下树心，固定上去，使它增长增大，于是就形成了一件完全的外衣。这些碎树心或圆球，有时被放置在顶上，有时又被放在底下或旁边，不过通常都是放在前边的时候居多。没有其他的设计比这个花环的做法更好了。外衣刚一做出来的时候，是平的，后来把它扣住以后就像带子，圈在小毛虫的身体上。

最初工作的起点已经完成了，然后它会继续纺织下去。于是，那个最初的圈带逐渐成为披肩、背心和短衫，后来成为长袍，几个小时以后，就完全变成一件雪白的崭新的大衣了。

还要感谢它的母亲的关心，小幼虫得以免去光着身子到处跑来跑去的危险。假如它不放弃那个旧的壳，那么，它们要想获得新的衣服将有很大的困难呢，因为草束和有心髓的枝干不是随处都可以找到的！然而，除非它们曝露而死，看来迟早它们总会找到能穿的衣服的，因为它们能利用随便什么材料，只要能找得到，什么都行。在玻璃管中，我对于这些新生的小幼虫也曾做过好几回这样的试验。

从一种蒲公英的茎里，它毫不犹豫地挖出雪白的心髓，然后将它做成洁净的长袍子，比它的母亲遗留给它的旧衣服所做成的要精致得多。有时还有更好的衣服，是用一种特殊植物的心髓织造而成的。这一回的衣服上面饰有细点，像一粒粒的结晶块，或白糖的颗粒。这可真正算是我们裁缝制作家的杰出作品了。

第二种材料，是我提供给它们的，那是一张吸墨纸。同样的，我的小幼虫也毫不犹豫地割碎其表面，用它做成一件纸衣服，它们对这种新奇的材料非常高兴，也非常感兴趣。当我再给它们提供那种原来的柴壳当作服装的材料时，它们竟然不予理睬，弃而不顾，选取这种吸墨纸来继续做它们的衣服。

对于别的小幼虫，我什么东西也没有提供给它们，然而它们并未因此而失败。它们非常聪明，采用了另一种方法，急急地去割碎那个瓶塞，使其成为小碎块，然后将这些小碎块割成极其微小的颗粒，好像它们和它们的祖先也曾经利用过这种材料一样，因为看上去这些小幼虫对这些材料并不陌生。这种稀奇的材料，也许毛虫们从来没有利用过，然而它们把这些材料拿来做成衣服，竟然与其他材料做成的毫无差别。这些小幼虫的所作所为真是让人感到惊奇！

从而我已经知道了它们能够接受干而轻的植物材料了，于是我决定换一种方法做试验。用动物与矿物的材料来试试，我割下一片大孔雀蛾的翅膀，把两个裸体的小毛虫放在上面。它们两个先是迟疑了好长时间，然后其中的一个就决心要利用这块奇怪的地毯，一天的工夫都不到，它就穿起了亲手用

大孔雀蛾的鳞片做成的灰色的绒衣了。

第二回，我又拿来一些软的石块，其柔软的程度，只要轻轻一碰，就能破碎到如同蝴蝶翼上的粉粒。在这种材料上，我放了四个需要衣服的毛虫。有一个很快就决定把自己打扮起来，开始为自己缝制衣服。它的金属的衣服，像彩虹一样发出各种颜色的亮光，闪烁在小毛虫的外壳上。这当然是很贵重，而且非常华丽的，只不过有点笨重了。在这样一个金属物的重压之下，小毛虫的行走变得非常辛苦，非常缓慢。不过，东罗马的皇帝在国家有重大仪式的时候，也得如此呢！

为了满足本能上的迫切需要，幼小的毛虫也不顾忌这种蠢笨的行动了。穿衣服的需要太迫切了，与其光着身子还不如纺织一些矿物好一些。爱美之虫也有之，它也愿意把自己打扮得漂漂亮亮的。吃的东西对于它并没有像穿的东西那样重要，只顾穿衣打扮，保证外表好看，是这些小毛虫的共性与天性。假如先将它关两天，再换去它的衣服，将它放在它喜欢吃的食物面前，比如一片山柳菊的叶子，它一定先做一件衣服，这是必然的，只有一件衣服穿在身上后，它才会放心地去享受美食。

它们对于衣服如此钟爱，并不是因为有特别寒冷的感觉，而是因为这种毛虫的先见。别的毛虫在冬天都是把自己隐藏在厚厚的树叶里，有的藏在地下的暗穴里避寒，有的在树枝的裂缝里，它们怕寒的毛虫。但是，我们所说的被管虫却安然地暴露在空气当中。它不怕寒，也不怕冷，它从出生之日起，就学会了怎样预防冬季的寒冷。

受到秋天细雨的威胁以后，它又开始做外层的柴壳，开始时做得很草率、很不用心，参差不齐的草茎和一片片的枯叶，混杂在一起，没有次序地缀在颈部后面的衬衣上，头部必须是柔软的，可以让毛虫向任何方向自由转动。这些不整齐的第一批材料，并不妨碍建筑物后来的整齐。当这件长袍在前面

增长起来的时候，那些材料便被甩到后边去了。

经过一段时间以后，碎叶渐渐地加长，并且小毛虫也更细心地选择材料。各种材料都被它直排地铺下去。它铺置草茎时的敏捷与精巧，真令人大吃一惊。人们不仅惊异地发现小毛虫的动作如此之快，如此之轻巧，而且做得还很认真实在，铺垫得如此舒适，这是一些大的昆虫都无法比拟的。真的不能小瞧它呀！

它将这些东西放在它的腮和脚之间，不停地搓卷，然后用下腮紧紧地把它们含住，在末端削去少许，立即贴在长袍的尾端。它的这种做法或许是要使丝线能粘得更坚固、更结实些，和铅管工匠在铅管接合的尾梢锉去一点儿的意思是一个样的。

于是，在还没有放到背上以前，小毛虫用腮的力气，将草管竖起来，并且在空中舞动它，吐丝口就立即开始工作，将它粘在适当的地方。于是，毛虫也不再摸索行动，不再移动，一切程序都已完成了。等到寒冷的气候来临的时候，保护自己的、温暖的外壳已经做好了，所以，它可以安心地过日子了。

不过这衣服内部的丝毡并不很厚实，但能使它感到很舒服安逸。等到春天来临以后，它可以利用闲暇的时间，加以改良，使它又厚又密，而且变得很柔软。就是我们拿去它的外壳，它也不再重新制造了，它只管在衬衣上加上新层，直到不能再加为止。这件长袍非常柔软，宽松而且多皱，又舒适又美观。它既没有保护，也没有隐避之所，然而它以为这并不要紧。做木工的时候已经一去不复返了，该是装饰室内的时候了，它只一心一意地装饰它的室内，填充房子——衬它的长袍，而房子已经没有了。它将要凄惨地死去，被蚂蚁咬得粉碎，成为蚂蚁的一顿美餐。这就是本能过分顽固的结果呢！

感悟·思考

1.为什么说被管虫是“聪明的裁缝”？它们在制作衣服上有什么特点?

2.结合文中对雌蛾的描写，谈谈你对“可怜天下父母心”这句话的认识和理解。

第十五章　愚蠢而执着的松毛虫［精读］

名师导读

松毛虫们打从娘胎里一出来就学会了吃针叶、排队和搭帐篷，可是你若认为这些毛毛虫们很聪明，那就太高估它们了，读完此文，它们的愚蠢和执着肯定会令你目瞪口呆的哦！

在我那个园子里，种着几棵松树。每年毛毛虫都会到这松树上来做巢，松叶都快被它们吃光了。为了保护我们的松树，每年冬天我不得不用长叉把它们的巢毁掉，搞得我疲惫不堪。

你这贪吃的小毛虫，不是我不客气，是你太放肆了。如果我不赶走你，你就要喧宾夺主了，我将再也听不到满载着针叶的松树在风中低声谈话了。不过我突然对你产生了兴趣，所以，我要和你订一个合同，我要你把你一生的传奇故事告诉我，一年，两年，或者更多年，直到我知道你全部的故事为止。而我呢，在这期间不来打扰你，任凭你来占据我的松树。

订合同的结果是，不久我们就在离门不远的地方，拥有了三十几只松毛虫的巢。天天看着这一堆毛毛虫在

名师点评

字词积累

喧宾夺主：客人的声音比主人的还要大。比喻客人占了主人的地位或外来的、次要的事物占据了原有的、主要的事物的地位。

名师点评

眼前爬来爬去，使我不禁对松毛虫的故事有了急切了解的欲望。这种松毛虫也叫作“列队虫”，因为它们总是一只跟着一只，排着队出去。

下面我开始讲它的故事。

第一，先要讲到它的卵。在八月份的前半个月，如果我们去观察松树的枝端，一定可以看到在暗绿的松叶中，到处点缀着一个个白色的小圆柱。每一个小圆柱，就是一个母亲所生的一簇卵。这种小圆柱好像小小的手电筒，大的约有一寸长，五分之一或六分之一寸宽，裹在一对对松针的根部。这小筒的外貌，有点像丝织品，白里略透一点儿红，小筒的上面叠着一层层鳞片，就跟屋顶上的瓦片似的。

写作借鉴

比喻形象直观，描写细腻精确。

这鳞片软得像天鹅绒，很细致地一层一层盖在筒上，做成一个屋顶，保护着筒里的卵。没有一滴露水能透过这层屋顶渗进去。这种柔软的绒毛是哪里来的呢？是松毛虫妈妈一点儿一点儿地铺上去的。它为了孩子牺牲了自己身上的一部分毛。它用自己的毛给它的卵做了一件温暖的外套。

写作借鉴

作者笔下的昆虫都充满了人性，增强了文章的趣味性和思想性。

如果你用钳子把鳞片似的绒毛刮掉，那么你就可以看到盖在下面的卵了，好像一颗颗白色珐琅质的小珠。每一个圆柱里大约有三百颗卵，都属于同一个母亲。这可真是一个大家庭啊！它们排列得很好看，好像一颗玉蜀黍的穗。无论是谁，年老的或年幼的，有学问的还是没文化的，看到松蛾这美丽精巧的“穗”，都会禁不住

喊道："真好看啊！"多么光荣而伟大的母亲啊！

最让我们感兴趣的东西，不是那美丽的珐琅质的小珠本身，而是那种有规则的几何图形的排列方法。一只小小的蛾知道这精妙的几何知识，这难道不是一件令人惊讶的事吗？但是我们愈和大自然接触，便愈会相信大自然里的一切都是按照一定的规则安排的。比如，为什么一种花瓣的曲线有一定的规则？为什么甲虫的翅鞘上有着那么精美的花纹？从庞然大物到微乎其微的小生命，一切都安排得这样完美，这是不是偶然的呢？似乎不大可能吧？是谁在主宰这个世界呢？我想冥冥之中一定有一位"美"的主宰者在有条不紊地安排着这个缤纷的世界。我只能这样解释了。

松蛾的卵在九月里孵化。在那时候，如果你把那小筒的鳞片稍稍掀起一些，就可以看到里面有许多黑色的小头。它们在咬着，推着它们的盖子，慢慢地爬到小筒上面，它们的身体是淡黄色的，黑色的脑袋有身体的两倍那么大。它们爬出来后，第一件事情就是吃支持着自己的巢的那些针叶，把针叶啃完后，它们就落到附近的针叶上。常常可能会有三四个小虫恰巧落在一起，那么，它们会自然地排成一个小队。这便是未来大军的松毛虫雏形。如果你去逗它们玩，它们会摇摆起头部和前半身，高兴地和你打招呼。

第二步工作就是在巢的附近做一个帐篷。这帐篷其实是一个用薄绸做成的小球，由几片叶子支持着。在一

名师点评

我的点评

写作借鉴

细节描写真实、细腻地展现了松毛虫刚孵化出来时的情形和状态。

名师点评

我的点评

天最热的时候，它们便躲在帐里休息，到下午凉快的时候才出来觅食。

你看松毛虫从卵里孵化出来还不到一个小时，却已经会做许多工作了：吃针叶、排队和搭帐篷，仿佛没出娘胎就已经学会了似的。

二十四小时后，帐篷已经像一个榛仁那么大。两星期后，就有一个苹果那么大了。不过这毕竟是一个暂时的夏令营。冬天快到的时候，它们就要造一个更大更结实的帐篷。它们边造边吃着帐篷范围以内的针叶。也就是说，它们的帐篷同时解决了它们的吃住问题。这的确是个一举两得的好办法。这样它们就不必特意到帐外去觅食，因为它们还很小，如果贸然跑到帐外，是很容易碰到危险的。

当它们把支持帐篷的树叶都吃完了以后，帐篷就要塌了。于是，像那些择水草而居的阿拉伯人一样，全家会搬到新的地方去安居乐业。在松树的高处，它们又筑起了新帐篷。它们就这样辗转迁徙着，有时候竟能到达松树的顶端。

写作借鉴

类比手法的运用，使得表达生动形象，易于读者理解。

也就是这时候，松毛虫改变了它们的服装。它们的背上长了六个红色的小圆斑，小圆斑周围环绕着红色和绯红色的刚毛。红斑的中间又分布着金色的小斑。而身体两边和腹部的毛都是白色的。

到了十一月，它们开始在松树的高处，木枝的顶端筑起冬季帐篷来。它们用丝织的网把附近的松叶都网起来。树叶和丝合成的建筑材料能增加建筑物的坚固性。全部完工的时候，这帐篷的大小已相当于半加仑的容积，形状像一个蛋。巢的中央是一根乳白色的极粗的丝带，中间还夹杂着绿色的松叶。顶上有许多圆孔，是巢的门，毛毛虫们就从这里爬进爬出。矗立在帐外的松叶顶端有一个用丝线结成的网，下面是一个阳台。松毛虫常聚集在这儿晒太阳。它们晒太阳的时候，像叠罗汉似的堆成一堆，上面张着的丝线用来减弱太阳光的强度，使它们不至于被太阳晒得过热。

松毛虫的巢里并不是一个整洁的地方，这里面满是杂物的碎屑、毛虫们蜕下来的皮，以及其他各种垃圾，真的可以称作是“败絮其中”。

松毛虫整夜歇在巢里，早晨十点左右出来，到阳台上集合，大家堆在一起，在太阳底下打盹。它们就这样消磨掉整个白天。它们时不时地摇摆着头以示它们的快乐和舒适。到傍晚六七点钟光景，这班瞌睡虫都醒了，各自从门口回到自己家里。

它们一面走一面嘴上吐着丝。所以无论走到哪里，它们的巢总是愈变愈大，愈来愈坚固。它们在吐着丝的时候还会把一些松叶掺杂进去加固。每天晚上总有两个小时左右的时间做这项工作。它们早已忘记夏天了，只知道冬天快要来了，所以每一条松毛虫都抱着愉快而紧张的心情工作着，它们似乎在说：

“松树在寒风里摇摆着它那带霜的枝丫的时候，我

名师点评

我的点评

字词积累

比喻外表很好，实质很糟。败絮：破烂棉絮。一般与“金玉其外”连用。比喻外表很华美，里面一团糟。金玉：泛指珍宝。

我的点评

名师点评

写作借鉴

作者恰当的抒情使文章增添了文学色彩，也体现了作者对小昆虫们真诚的热爱。

们将彼此拥抱着睡在这温暖的巢里！多么幸福啊！让我们满怀希望，为将来的幸福努力工作吧！”

不错，亲爱的毛毛虫们，我们人类也和你们一样，为了求得未来的平静和舒适而孜孜不倦地劳动。让我们怀着希望努力工作吧！你们为你们的冬眠而工作，它能使你们从幼虫变为蛾；我们为我们最后的安息而工作，它能消灭生命，同时创造出新的生命。让我们一起努力工作吧！

做完了一天的工作，就是它们的用餐时间了。它们都从巢里钻出来，爬到巢下面的针叶上去用餐。它们都穿着红色的外衣，一堆堆地停在绿色的针叶上，树枝都被它们压得微微向下弯了。多么美妙的一幅图画啊！这些食客们都静静地安详地咬着松叶，它们那宽大的黑色的额头在我的灯笼下发着光。它们都要吃到深夜才肯罢休。回到巢里后还要继续工作一会儿。当最后一批松毛虫进巢的时候，已是深夜一二点钟了。

松毛虫所吃的松叶通常只有三种，如果拿其他常绿树叶子给它们吃，即使那些叶子的香味足以引起食欲，可松毛虫是宁可饿死也不愿尝一下的。这似乎没什么好说的，松毛虫的胃和人的胃有着相同的特点。

松毛虫们在松树上走来走去的时候，随路吐着丝，织着丝带，回去的时候就依照丝带所指引的路线。有时候它们找不到自己的丝带而找了别的松毛虫的丝带，那样它就会走入一个陌生的巢里。但是没有关系，巢里的主人和这不速之客之间丝毫不会引起争执。大家似乎都习以为常，平静得跟什么事都没有发生一样。到了睡觉的时候，大家也就像兄弟一般睡在一起了，谁都没有一点儿生疏的感觉。不论是主人还是客人，大家都依旧在限定的时间里工作，使它们的巢更大、更厚。由于这类意外的事情常有发生，所以有几个巢总能接纳“外来人员”为自己的巢添砖加瓦，它们的巢就显得比其他的巢大了不少。“人人为我，我为人人”是它们的信条，每一条毛毛虫都尽力地吐着丝，使巢增大增厚，不管那是自己的巢还是别人的巢。事实上，正是因为这样才扩大了总体上的劳动成果。如果每个松毛虫都只筑自己的巢，宁死也不愿替别家卖命，结果会怎样？我敢说，一定会一事无成，谁也造不了又大又厚的巢。因此它们是成百只地一起工作的，每一条小小的松毛虫都尽了它自己应尽的一分力量，这样团结一致才造就了一个个属于大家的堡垒—— 一个又大又厚又暖和的大棉袋。每条松毛虫为自己工作的过程也是为其他松毛虫工作的过程，而其他松毛虫也相当于都在为它工作。多么幸福的松毛虫啊，它们不知道什么是私有财产一切争斗也和它们毫无关系。

毛虫队

有一个老故事，说是有一只羊，被人从船上扔到

名师点评

我的点评

阅读提示

本段的描写和议论从侧面表达了作者对理想的人类社会的期望。

阅读提示

故事的引用增添了文章的趣味性和可读性。

名师点评

我的点评

写作借鉴

有趣的对比，既便于读者理解，又增添了文章的趣味性。

了海里，于是其余的羊也跟着跳下海去。“因为羊有一种天性，那就是它们永远要跟着头一只羊，不管走到哪里。就因为此，亚里士多德曾批评羊是世界上最愚蠢、最可笑的动物。”那个讲故事的人这样说。

松毛虫也具有这种天性，而且比羊还要强烈。第一只到什么地方去，其余的都会依次跟着去，排成一条整齐的队伍，中间不留一点儿空隙。它们总是排成单行，后一只的需触到前一只的尾。为首的那只无论怎样打转和歪歪斜斜地走，后面的都会照它的样子做，无一例外。第一只毛毛虫一面走一面吐出一根丝，第二只毛虫踏着第一只松毛虫吐出的丝前进，同时自己也吐出一条丝加在第一条丝上，后面的毛毛虫都依次效仿，所以当队伍走完后，就有一条很宽的丝带在太阳下放着耀眼的光彩。这是一种很奢侈的筑路方法。我们人类筑路的时候，用碎石铺在路上，然后用极重的蒸汽滚筒将它们压平，又粗又硬但非常简便。而松毛虫，却用柔软的缎子来筑路，又软又滑但花费也大。

这样的奢侈有什么意义吗？它们为什么不能像别的虫子那样免掉这种豪华的设备，简朴地过一生呢？我替它们总结出两条理由：松毛虫出去觅食的时间是在晚上，而它们必须经过曲曲折折的道路。它们要从一根树枝爬到另一根树枝上，要从针叶尖爬到细枝上，再从细枝爬到粗枝上。如果没有留下丝线作路标，那它们很难找回自己的家。这是最基本的一条理由。

有时候，在白天它们也要排着队作长距离的远征，可能经过三十码左右的长距离。它们这次可不是去找食物，而是去旅行，去看看世界，或者去找一个地方，作为它们将来蛰伏的场所。因为在变成蛾子之前，它们还要经过一个蛰伏期。在作这样长途旅行的时候，丝线这样的路标是不可缺少的。

在树上找食物的时候，它们或许是分散在各处，或许是集体活动，反正只要有丝线作路标，它们就可以整齐一致地回到巢里。要集合的时候，大家就依照着丝线的路径，从四面八方匆匆聚集到大队伍中来。所以这丝带不仅仅是一条路，而且是使一个大团体中各个分子行动一致的一条绳索。这便是第二个理由。

每一队总有一个领头的松毛虫，无论是长的队还是短的队。它为什么能做领袖则完全出自偶然，没有谁指定，也没有公众选举，今天你做，明天它做，没有一定的规则。毛虫队里发生的每一次变故常常会导致次序的重新排列。比如说，如果队伍突然在行进过程中散乱了，那么重新排好队后，可能是另一只松毛虫成了领袖。尽管每一位“领袖”都是暂时的、随机的，但一旦做了领袖，它就摆出领袖的样子，承担起一个领袖应尽的责任。当其余的松毛虫都紧紧地跟着队伍前进的时候，这位领袖趁队伍调整的间隙摇摆着自己的上身，好像在做什么运动，又好像在调整自己——毕竟，从平民到领袖，可是一个不小的飞跃，它得明确自己的责任，

名师点评

我的点评

阅读提示

风趣而略带调侃的语言，拟人化的手法，带给读者轻松愉快的阅读感受。

名师点评

我的点评

写作借鉴

承上启下，过渡自然。

不能和刚才一样，只需跟在别人后面就行了。它前进的同时，不停地探头探脑地寻找路径。它真是在察看地势吗？它是不是要选最好的地方，还是它突然找不到引路的丝线，所以犯了疑？看着它那又黑又亮，活像一滴柏油似的小脑袋，我实在很难推测它真正在想什么。我只能根据它的一举一动，作一些简单的联想。我想它的这些动作是帮助它辨出哪些地方粗糙，哪些地方光滑，哪些地方有尘埃，哪些地方走不过去。当然，最主要的是辨出那条丝带朝着哪个方向延伸。

松毛虫的队伍长短不一，相差悬殊，我所看到的最长的队伍有十二码或十三码，其中包含二百多只松毛虫，排成极为精致的波纹形的曲线，浩浩荡荡的，最短的队伍一共只有两条松毛虫，它们仍然遵从原则，一个紧跟在另一只的后面。

有一次，我决定要和我养在松树上的松毛虫开一次玩笑，我要用它们的丝替它们铺一条路，让它们依照我所设想的路线走。既然它们只会不假思索地跟着别人走，那么如果我把这路线设计成一个既没有始点也没有终点的圆，它们会不会在这条路上不停地打转转呢？

一个偶然的发现帮助我实现了这个计划。在我的院子里有几个栽棕树的大花盆，盆的圆周大约有一码半长。松毛虫们平时很喜欢爬到盆口的边沿，而那边沿恰好是一个现成的圆周。

有一天，我看到很大一群毛虫爬到花盆上，渐渐地来到它们最为得意的盆沿上。慢慢地，这一队毛虫陆陆续续到达了盆沿，在盆沿上前进着。我等待并期盼着队伍形成一个封闭的环，也就是说，等第一只毛虫绕过一周，因而回到它出发的地方。一刻钟之后，这个目的达到了。现在有整整一圈的松毛虫在绕着盆沿走了。第二步工作是，必须把还要上来的松毛虫赶开，否则它们会提醒原来盆沿上的那围虫走错了路线，从而扰乱实验。要使它们不走上盆沿，必须把从地上到花盆间的丝拿走。于是我就把还要继续上去的毛虫拨开，然后用刷子把丝线轻轻刷去，这相当于截断了它们的通道。这样下面的虫子再也上不去，上面的再也找不到回去的路。这一切准备就绪后，我们就看到一幕有趣的景象在眼前展开了：

一群毛虫在花盆沿上一圈一圈地转着，现在它们中间已经没有领袖了。因为这是一个封闭的圆周，不分起点和终点，谁都可以算领袖，谁又都不是领袖，可它们自己并不知道这一点。

丝织和轨道越来越粗了，因为每条松毛虫都不断地把自己的丝加上去。除了这条圆周路之外，再也没有别的什么岔路了，看样子它们会这样无止境地一圈一圈绕着走，直到累死为止。

旧派的学者都喜欢引用这样一个故事："有一头驴子，被安放在两捆干草中间，结果它竟然饿死了。因为它决定不出应该先吃哪一捆。"其实现实中的驴子不比

名师点评

我的点评

阅读提示

很多表面看来很有哲理的故事其实是脱离现实生活的，这体现了作者敢于怀疑、实事求是的科学探索精神。

名师点评

我的点评

我的点评

别的动物愚蠢，它舍不得放弃任何一捆的时候，会把两捆一起吃掉。毕竟想象不能代替现实，我的毛虫会不会表现得聪明一点儿呢？它们会离开这封闭的路线吗？我想它们一定会的。我安慰自己说：

“这队伍可能会继续走一段时间，一个钟头或两个钟头吧。然后，到某个时刻，毛毛虫自己就会发现这个错误，离开那个可怕的骗人的圈子，找到一条下来的路。”

而事实上，我那乐观的设想错了，我太高估我的毛毛虫们了。如果说这些毛虫会不顾饥饿，不顾自己一直无法回巢，只要没有东西阻挠它们，它们就会一直在那儿打圈子，它们就真蠢得令人难以置信了。然而，事实上，它们的确有这么蠢。

松毛虫们继续着它们的行进，接连走了好几个钟头。到了黄昏时分，队伍就走走停停，它们走累了。当天气逐渐转冷时，它们也逐渐放慢了行进的速度。到了晚上十点钟左右，它们继续在走，但脚步明显慢了下来，好像只是懒洋洋地摇摆着身体。进餐的时候到了，别的毛虫都成群结队地走出来吃松叶。可是花盆上的虫子们还在坚持不懈地走。它们一定以为马上可以到目的地和同伴们一起进晚餐了。走了十个钟头，它们一定又累又饿，食欲极好。一棵松树离它们不过几寸远，它们只要从花盆上下来，就可以到达松树，美美地吃上一顿松叶了。但这些可怜的家伙已经成了自己吐的丝的奴隶了，它们实在离不开它，它们一定像看到了海市蜃楼一样，总以为马上可以到达目的地，而事实上还远着呢！十点半的时候，我终于没有耐心了，离开它们去睡我的觉。我想在晚上的时候它们可能清醒些。可是第二天早晨，等我再去看它们的时候，它们还是像昨天那样排着队，但队伍是停着的。晚上太冷了，它们都蜷起身子取暖，停止了前进。等空气渐渐暖和起来后，它们恢复了知觉，又开始在那儿兜圈子了。

第三天，一切还都像第二天一样。这天夜里非常冷，可怜的毛虫又受了一夜的苦。我发现它们在花盆沿分成两队，谁也不想再排队。它们彼此紧紧地挨在一起，为的是可以暖和些。现在它们分成了两队，按理说每队该有一个自己的领袖了，可以不必跟着别人走，各自开辟一条生路了。我真为它们感到高兴。看到它们那又黑又大的脑袋迷茫地向左右试探的样子，我想不久以后它们就可以摆脱这个可怕的圈子了。可是不久我发现自己又错了。当这两支分开的队伍相逢的时候，又合成一个封闭的圆圈，于是它们又开始了整天兜圈子，丝毫没有意识到错过了绝佳的逃生机会。

后来的一个晚上还是很冷。这些松毛虫又都挤成了一堆，许多毛虫被挤到丝织轨道的两边，第二天一觉醒来，发现自己在轨道外面，就跟着轨道外的一个领袖走，这个领袖正在往花盆里面爬。这队离开轨道的冒险家一共有七位，而其余的毛虫并没有注意它们，仍然在

名师点评

字词积累

海市蜃(shèn)楼：大气中由于光线的作用，能把远处的楼台等城市景物显现在空中或地面上。这种幻景多出现在夏天的海边或沙漠地带。现比喻虚无缥缈实际上不存在的事物。

阅读提示

细节描写反映出了这些松毛虫的可爱和愚蠢，同时也体现出了作者对它们的热爱。

名师点评

我的点评

兜圈子。

到达花盆里的毛虫发现那里并没有食物，于是只好垂头丧气地依照丝线指示原路回到了队伍里，冒险失败了。如果当初选择的冒险道路是朝着花盆外面而不是里面的活，情形就截然不同了。

一天又过去了，又过了一天。第六天天气很暖和。我发现有几个勇敢的领袖，它们热得实在受不住了，于是用后脚站在花盆最外的边沿上，做着要向空中跳出去的姿势。最后，其中的一只决定冒一次险，它从花盆沿上溜下来，可是还没到一半，它的勇气便消失了，又回到花盆上，和同胞们共甘苦。这时盆沿上的毛虫队已不再是一个完整的圆圈，而在某处断开了。也正是因为有了唯一的领袖，才有了一条新的出路。两天以后，也就是这个实验的第八天，由于新道路的开辟，它们已开始从盆沿上往下爬，到日落的时候，最后一只松毛虫也回到了盆脚下的巢里。

我计算了一下，它们一共走了四十八个小时。绕着圆圈走过的路程在四分之一公里以上。只有在晚上寒冷的时候，队伍才没有了秩序，使它们离开轨道，安全到达家里。可怜无知的松毛虫啊！有人总喜欢说动物是有理解力的，可是在它们身上，我实在看不出这个优点。不过，它们最终还是回到了家，而没有活活饿死在花盆沿上，说明它们还是有点头脑的。

阅读提示

结尾的议论抒情，满怀慈悲，表现了作者对昆虫的怜爱。

松毛虫能预测气候

名师点评

在正月里，松毛虫会蜕第二次皮。它不再像以前那么美丽了，不过有失也有得，它添了一种很有用的器官。现在它背部中央的毛变成暗淡的红色了。由于中央还夹杂着白色的长毛，所以看上去颜色更淡了。这件褪了色的衣服有一个特点，那就是在背上出现八条裂缝，像口子一般，可以随毛虫的意图自由开闭。当这种裂缝开着的时候，我们可以看到每只口子里有一个小小的“瘤”。这玩意儿非常的灵敏，稍稍有一些动静它就消失了。这些特别的口子和“瘤”有什么用处呢？当然不是用来呼吸的，因为没有一种动物——即便是一条松毛虫——也不会从背上呼吸的。让我们来想想松毛虫的习性，或许可以发现这些器官的作用。

我的点评

冬天和晚上的时候，是松毛虫们最活跃的时候，但是如果北风刮得太猛烈的话，天气冷得太厉害，下雨下雪或是雾厚得结成了冰屑，在这样的天气里，松毛虫总会谨慎地待在家里，躲在那雨水不能穿透的帐篷下面。

松毛虫们最怕坏天气，一滴雨就能使它们发抖，一片雪花就能惹起它们的怒火。如果能预先料到这种坏天气，那么对松毛虫的日常生活是非常有意义的。在黑夜里，这样一支庞大的队伍到相当远的地方去觅食，如果遇到坏天气，那实在是一件危险的事。如果突然遭到风

写作借鉴

运用夸张的修辞，突出了松毛虫怕坏天气的特征，给人以深刻的印象。

名师点评

雨的袭击，那么松毛虫就要遭殃了，而这样的不幸在坏的季节里是常常会发生的。可松毛虫们自有办法。让我来告诉你它们是怎样预测天气的吧。

有一天，我的几个朋友和我一起到院子里看毛虫队的夜游。我们等到九点钟，就进入到院子里。可是……可是……这是怎么了？巢外一只毛虫都没有！就在昨天晚上和前天晚上还有许多毛虫出来呢，今天怎么会一只都没有了？它们都上哪儿去了？是集体出游，还是遭到了灭顶之灾？我们等到十点、十一点，一直到半夜。失望之余，我只得送我的朋友走了。

写作借鉴

一连串的疑问反映了作者焦急的心情。

第二天，我发现那天晚上竟然下了雨，直到早晨还继续下着，而且山上还有积雪。我脑子里突然闪过一个念头，是不是毛虫对天气的变化比我们人类都灵敏呢？它们昨晚没有出来，是不是因为早已预料到天气要变坏，所以不愿意出来冒险？一定是这样的！我为自己的想法暗暗喝彩，不过我想我还得仔细观察它们。

我发现每当报纸上预告天气变化的时候，比如说暴风雨将要来临的时候，我的松毛虫总躲在巢里。虽然它们的巢暴露在坏天气中，可风啊、雨啊、雪啊、寒冷啊，都不能影响它们。有时候它们能预报雨天以后的风暴。它们这种推测天气的天赋，不久就得到我们全家的承认和信任。每当我们要进城去买东西的时候，前一天晚上总要先去征求一下松毛虫们的意见，我们第二天去还是不去，完全取决于这个晚上松毛虫的举动，它成了

写作借鉴

语言幽默风趣，也反映了作者一家人对昆虫的尊重。

名师点评

我们家的“小小气象预报员”。

所以，想到它的小孔，我推测松毛虫的第二套服装似乎给了它一个预测天气的本领。这种本领很可能与那些可以自由开闭的口子息息相关。它们时时张开，取一些空气作为样品，放到里面检验一番，如果从这空气里测出将有暴风雨来临，便立刻发出警告。

我的点评

● 松蛾

三月到来的时候，松毛虫们纷纷离开巢所在的那棵松树，作最后一次旅行。三月二十日那天，我花了整整一个早晨，观察了一队三码长，包括一百多只毛虫在内的毛虫队。它们衣服的颜色已经很淡了。队伍很艰难地徐徐前进着，爬过高低不平的地面后，就分成了两队，成为两支互不相关的队伍，各分东西。

我的点评

它们目前有极为重要的事情要做。队伍行进了两小时光景，到达一个墙角下，那里的泥土又松又软，极容易钻洞。为首的那条松毛虫一面探测，一面稍稍地挖一下泥土，似乎在测定泥土的性质。其余的松毛虫对领袖百分之一百的服从，因此只是盲目地跟从着它，全盘接受领袖的一切决定，也不管自己喜欢不喜欢。最后，领头的松毛虫终于找到了一处它自己挺喜欢的地方，于是停下脚步。接着其余的松毛虫都走出队伍，成为乱哄哄的一群虫子，仿佛接到了“自由活动”的命令，再也不

名师点评

阅读提示

排比句增强了表达的气势，很好地表现出了虫子们紧张忙碌的状态。

写作借鉴

使用了拟人、比喻修辞手法；动词使用准确、形象。

要规规矩矩地排队了。所有虫子的背部都杂乱地摇摆着，所有的脚都不停地耙着，所有的嘴巴都挖着泥土，渐渐地它们终于挖出了安葬自己的洞。到某个时候，打过地道的泥土裂开了，就把它们埋在里面。于是一切都又恢复平静了。现在，毛虫们是葬在离地面三寸的地方，准备着织它们的茧子。

两星期后，我往地面下挖土，又找到了它们。它们被包在小小的白色丝袋里，丝袋外面还沾染着泥土。有时候，由于泥土土质的关系，它们甚至能把自己埋到九寸以下的深处。

可是那柔软的、翅膀脆弱而触须柔软的蛾子是怎么从下面上到地面的呢？它一直要到七八月才出来。那时候，由于风吹雨打，日晒雨淋，泥土早已变得很硬了。没有一只蛾子能够冲出那坚硬的泥土，除非它有特殊的工具，并且它的身体形状必须很简单。我弄了一些茧子放到实验室的试管里，以便看得更仔细些。我发现松蛾在钻出茧子的时候，有一个蓄势待发的姿势，就像短跑运动员起跑前的下蹲姿势一样。它们把它美丽的衣服卷成一捆，自己缩成一个圆底的圆柱形，它的翅膀紧贴在脚前，像一条围巾一般，它的触须还没有张开，于是把它们弯向后方，紧贴在身体的两旁。它身上的毛发向后躺平，只有腿是可以自由活动的，为的是可以帮助身体钻出泥土。

虽然有了这些准备，但对于挖洞来说，还远远不够，它们还有更厉害的法宝呢！如果用指尖在它头上摸一下，你就会发现有几道很深的皱纹。我把它放在放大镜下，发现那是很硬的鳞片。额头中部顶上的鳞片是所有鳞片中最硬的。这多像一个回旋钻的钻头呀。在我的试管里，我看到蛾子用头轻轻地这边撞撞，那边碰碰，想把沙块钻穿。到第二天，它们就能钻出一条十寸长的隧道通到地面上来了。

最后，蛾子终于到达泥土外面，只见它缓缓地展开它的翅膀，伸展它的触须，蓬松一下它的毛发。现在它已完全打扮好了，完全是一只漂亮成熟又自由自在的蛾子了。尽管它不是所有蛾子中最美丽的一种，但它的确已经够漂亮了。你看，它的前翅是灰色的，上面嵌着几条棕色的曲线，后翅是白色的，腹部盖着淡红色的绒毛。颈部围着小小的鳞片，又因为这些鳞片挤得很紧密，所以看上去就像是一整片，非常像一套华丽的盔甲。

关于这鳞片，还有些极为有趣的事情。如果我们用针尖去刺激这些鳞片，无论我们的动作多么轻微，立刻会有无数的鳞片飞扬起来。这种鳞片就是松蛾用来做盛卵的小筒用的，我们在这一章的开头已经讲过了。

名师点评

我的点评

阅读提示

首尾呼应，使文章浑然一体。

品读·理解

本章讲述的是松毛虫的故事。作者先按照时间顺序，把松毛虫从产卵、孵化到出生后吃针叶、排队和搭帐篷的过程娓娓道来，接着通过自己的耐心观察和试验，为我们描述了毛虫队的故事。第一只松毛虫到什么地方去，其余的都会依次跟着去，排成一条整齐的队伍，中间不留一点儿空隙。它们总是排成单行，后一只的须触到前一只的尾。为首的那只，无论它怎样打转和歪歪斜斜地走，后面的都会照它的样子做，无一例外。我们在为松毛虫的愚蠢感到可笑的同时，也不得不钦佩它们的执着和团队精神。作者接下来还谈到了松毛虫所具有的预测天气的本领以及从松毛虫到松蛾的变化过程。

感悟·思考

1.本文描写的松毛虫有什么特点和特长？

2.一只松毛虫到什么地方去，其余的都会依次跟着去，排成一条整齐的队伍，中间不留一点儿空隙。为首的那只，无论它怎样打转和歪歪斜斜地走，后面的都会照它的样子做，无一例外。请从正反两方面对松毛虫的这种行为进行评价。

第十六章 与人类争食的卷心菜毛虫

名师导读

卷心菜可算是最古老的蔬菜之一了，你对它了解多少？你对与它有着密切联系，靠它生长的昆虫又了解多少？读完此文，相信你会对这种与人类争食的卷心菜毛虫有个较全面的认识。

卷心菜几乎可以说是所有蔬菜中最为古老的一种，我们知道古时候的人就已经开始吃它了。而实际上在人类开始吃它之前，它已经在地球上存在了很久很久，所以我们实在无法知道它究竟是什么时候出现的，人类是什么时候第一次种植它们，用的是什么方法。植物学家告诉我们，它最初是一种长茎、小叶、长在滨海悬崖的野生植物。历史对于这类细小的事情的记载是不愿多花笔墨的。它所歌颂的，是那些夺去千万人生命的战场，它觉得那一片使人类生生不息的土地是没有研究价值的。它详细列举各国国王的嗜好和怪癖，却不能告诉我们小麦的起源！但愿将来的历史记载会改变它的作风。

我们对于卷心菜知道得实在太少了，那实在有点可惜，它的确算得上一种很贵重的东西。因为它拥有许多有趣的故事。不仅是人类，就是别的动物也都与它有千丝万缕的联系。其中有一种普通大白蝴蝶的毛虫，就是靠卷心菜生长的。它们吃卷心菜皮及一切和卷心菜相似的植物叶子，像花椰菜、白菜芽、大头菜以及瑞典萝卜等，似乎生来就与这种样子的菜类有不解之缘。

它们还吃其他一些和卷心菜同类的植物。它们都属于十字花科——植物学家们这样称呼它们，因为它们的花有四瓣，排成十字形。白蝴蝶的卵一般只产在这类植物上。可是它们怎么知道这是十字花科植物呢，它们又没有学过植物学？这倒是个谜。我研究植物和花草已有五十多年，但如果要我判定一种没有开花的植物是不是属于十字花科，我只能去查书。现在我不需要去一一查书了，我会根据白蝴蝶留下的记号作出判断——我是很信任它的。

白蝴蝶每年要成熟两次。一次是在四五月里，一次是在十月，这正是我们这里卷心菜成熟的时候。白蝴蝶的日历恰巧和园丁的日历一样。当我们有卷心菜吃的时候，白蝴蝶也快要出来了。

白蝴蝶的卵是淡橘黄色的，聚成一片，有时候产在叶子朝阳的一面，有时候产在叶子背着阳光的一面。大约一星期后，卵就变成了毛虫，毛虫出来后第一件事就是把卵壳吃掉。我不止一次看到幼虫自己把卵壳吃掉，不知道这是什么意思。我的推测是这样的：卷心菜的叶片上有蜡，滑得很，为了要使自己走路的时候不至于滑倒，它必须弄一些细丝来攀缠住自己的脚，而要做出丝来，需要一种特殊的食物，所以它要把卵壳吃掉，因为那是一种和丝性质相似的物质，在这初生的小虫胃里，它比较容易转化成小虫所需要的丝。

不久，小虫就要尝尝绿色植物了。卷心菜的灾难也就此开始了。它们的胃口多好啊！我从一颗最大的卷心菜上采来一大把叶子去喂我养在实验室的一群幼虫，可是两个小时后，除了叶子中央粗大的叶脉之外，已经什么都不剩了。照这样的速度吃起来，这一片卷心菜田没多少日子就会被吃完了。

这些贪吃的小毛虫，除了偶尔有一些伸胳膊挪腿的休息动作外，什么都不做，就知道吃。当几只毛虫并排地在一起吃叶子的时候，你有时候可以看见它们的头一起活泼地抬起来，又一起活泼地低下去。就这样一次一次重复着做，动作非常整齐，好像普鲁士士兵在操练一样。我不知道它们这种动作是什么含义，是表示它们在必要的时候有作战能力呢，还是表示它们在阳光下吃食物很快乐？总之，在它们成为极肥的毛虫之前，这是它们唯一的练习。

吃了整整一个月，它们终于吃够了，于是就开始往各个方向爬。一面爬，一面把前身仰起，做出在空中探索的样子，似乎是在做伸展运动，为了帮助消化和吸收吧。现在天气已经开始转冷了，所以我把我的毛虫客人们都安置在花房里，让花房的门开着。可是，令我惊讶的是，有一天我发现这群毛虫都不见了。

后来我在附近各处的墙脚下发现了它们。那里离花房差不多有三十码的距离。它们都栖在屋檐下，那里可以作为它们冬季的居所了。卷心菜的毛虫长得非常壮实健康，应该不十分怕冷。

就在这居所里，它们织起茧子，变成蛹。来年春天，就有蛾从这里飞出来了。

听着卷心菜毛虫的故事，我们也许会感到非常有趣。可是如果我们任凭它大量繁殖，那么我们很快就没有卷心菜吃了。所以当听说有一种昆虫，专门猎取卷心菜毛虫，我们并不感到痛惜，因为这样可以使它们不至于繁殖得太快。如果卷心菜毛虫是我们的敌人，那么那种卷心菜，毛虫的敌人就是我们的朋友了。但它们长得那样细小，又都喜欢埋头默默无闻地工作，使得园丁们非但不认识它，甚至连听都没听说过它，即使他偶然看到它在他所保护的植物周围徘徊，他也绝不会注意它，更不会想到它对自己会有那么大的贡献。

我现在要给这小小的侏儒们一些应得的奖赏。

因为它长得细小，所以科学家们称它为“小侏儒”，那么让我也这么称呼它吧，我实在不知道它还有什么别的好听一点的名字。

它是怎样工作的呢？让我们来看看吧。春季，如果我们走到菜园里去，一定可以看见，在墙上或篱笆脚下的枯草上，有许多黄色的小茧子，聚集成一堆一堆的，每堆有一个榛仁那么大。每一堆的旁边都有一条毛虫，有时候是死

的，看上去大都很不完整，这些小茧子就是“小侏儒”的工作成果，它们是吃了可怜的毛虫之后才长大的，那些毛虫的残尸，也是“小侏儒”们剥下的。

这种“小侏儒”比幼虫还要小。当卷心菜毛虫在菜上产下橘黄色的卵后，“小侏儒”的蛾就立刻赶去，靠着自己坚硬的刚毛的帮助，把自己的卵产在卷心菜毛虫的卵膜表面上。一只毛虫的卵里，往往可以有好几个“小侏儒”跑去产卵。照它们卵的大小来看，一只毛虫差不多相当于六十五只“小侏儒”。

当这毛虫长大后，它似乎并不感到痛苦。它照常吃着菜叶，照常出去游历，寻找适宜做茧子的场所。它甚至还能开展工作，但是它显得非常萎靡、非常无力，经常无精打采的，渐渐地消瘦下去，最后，终于死去。那是当然的，有那么一大群“小侏儒”在它身上吸血呢！毛虫们尽职地活着，直到身体里的“小侏儒”准备出来的时候。它们从毛虫的身体里出来后就开始织茧，最后，变成蛾，破茧而出。

感悟·思考

1.请从本文中找出使用比拟修辞的一段话。

2.“历史对于这类细小的事情的记载是不愿多花笔墨的。它所歌颂的，是那些夺去千万人生命的战场，它觉得那一片使人类生生不息的土地是没有研究价值的。它详细列举各国国王的嗜好和怪癖，却不能告诉我们小麦的起源！”请你谈谈对文中这段话的理解。

第十七章　寄生虫狡猾的行猎

名师导读

昆虫的寄生，虽然狡猾，但其实是一种“行猎”行为，是一种生存方式，比起人类中的“寄生虫”，昆虫中的“寄生虫”或许要高尚一点儿。

● 争斗

在八九月里，我们应该到光秃秃的、被太阳灼得发烫的山峡边去看看，让我们找一个正对太阳的斜坡，那儿往往热得烫手，因为太阳已经把它快烤焦了。恰恰是这种温度像火炉一般的地方，正是我们观察的目标。因为就是在这种地方，我们可以得到很大的收获。这一带热土，往往是黄蜂和蜜蜂的乐土。它们往往在地下的土堆里忙着料理食物——这里堆上一堆象鼻虫、蝗虫或蜘蛛，那里一组组分列着蝇类和毛毛虫类，还有的正在把蜜储藏在皮袋里、土罐里、棉袋里或是树叶编的瓮里。

在这些默默地埋头苦干的蜜蜂和黄蜂中间，还夹杂着一些别的虫，那些我们称之为寄生虫。它们匆匆忙忙地从这个家赶到那个家，耐心地躲在门口守候着，你别以为它们是在拜访好友，这些鬼鬼祟祟的行为绝不是出于好意，

它们是要找一个机会去牺牲别人，以便安置自己的家。

这有点类似于我们人类世界的争斗。劳苦的人们，刚刚辛辛苦苦地为儿女积蓄了一笔财产，却碰到一群不劳而获的家伙来争夺这笔财产。有时还会发生谋杀、抢劫、绑票之类的恶性事件，充满了罪恶和贪婪。至于劳动者的家庭，劳动者们曾为它付出了多少心血，贮藏了多少他们自己舍不得吃的食物，最终也被那伙强盗活活吞灭了。

世界上几乎每天都有这样的事情发生，可以说，哪里有人类，哪里就有罪恶。昆虫世界也是这样，只要存在着懒惰和无能的虫类，就会有把别人的财产占为己有的罪恶。蜜蜂的幼虫们都被母亲安置在四周紧闭的小屋里，或待在丝织的茧子里，为的是可以静静地睡一个长觉，直到它们变为成虫。可是这些宏伟的蓝图往往不能实现，敌人自有办法攻进这四面不通的堡垒。每个敌人都有它特殊的战略——那些绝妙又狠毒的技巧，你根本连想都想不到。

● 狠毒

你看，一只奇异的虫，靠着一根针，把它自己的卵放到一条蛰伏着的幼虫旁边——这幼虫本是这里真正的主人。——或是一条极小的虫，边爬边滑地溜进了人家的巢，于是，蛰伏着的主人就会永远长睡不醒了，因为这条小虫立刻要把它吃掉了。那些手段毒辣的强盗，毫无愧意地把人家的巢和茧子作为自己的巢和茧子，到了来年，善良的女主人已经被谋杀，抢了巢杀了主人的恶棍倒出世了。

看看这一个，身上长着红白黑相间的条纹，形状像一只难看而多毛的蚂蚁，它一步一步地仔细地考察着一个斜坡，巡查着每一个角落，还用它的触须在地面上试探着。你如果看到它，一定会以为它是一只粗大强壮的蚂蚁，只不过它的服装要比普通的蚂蚁漂亮。

这是一种没有翅膀的黄蜂，它是其他许多蜂类的幼虫的天敌。它虽然没有翅膀，可是它有一把短剑，或者说是一根利刺。只见它踯躅了一会儿，在某个地方停下来，开始挖和扒，最后居然挖出了一个地下巢穴，就跟经验丰富的盗墓贼似的。这巢在地面上并没有痕迹，但这家伙能看到我们人类所看不到的东西。它钻到洞里停留了一会儿，最后又重新在洞口出现。这一去一来之间，它已经干下了无耻的勾当：它潜进了别人的茧子，把卵产在那睡得正酣的幼虫的旁边，等它的卵孵化成幼虫，就会把茧子的主人当作丰美的食物。

这里是另外一种虫，满身闪耀着金色的、绿色的、蓝色的和紫色的光芒。它们是昆虫世界里的蜂雀，被称作金蜂，你看到它的模样，绝不会相信它是盗贼或是搞谋杀的凶手。可它们的确是用别的蜂的幼虫作食物的昆虫，是个罪大恶极的坏蛋。

这十恶不赦的金蜂并不懂得挖人家墙角的方法，所以只得等到母蜂回家的时候溜进去。你看，一只半绿半粉红的金蜂大摇大摆地走进一个捕蝇蜂的巢。那时，正值母亲带着一些新鲜的食物来看孩子们。于是，这个侏儒就堂而皇之地进了巨人的家。它一直大摇大摆在走到洞的底端，对捕蝇蜂锐利的刺和强有力的嘴巴似乎丝毫没有惧意。至于那母蜂，不知道是不是不了解金蜂的丑恶行径和名声，还是给吓呆了，竟任它自由进去。

来年，如果我们挖开捕蝇蜂的巢看看，就可以看到几个赤褐色的针箍形的茧子，开口处有一个扁平的盖。在这个丝织的摇篮里，躺着的是金蜂的幼虫。至于那个一手造就这坚固摇篮的捕蝇蜂的幼虫，它已完全消失，只剩下一些破碎的皮屑。它是怎么消失的？当然是被金蜂的幼虫吃掉了！

看看这个外貌漂亮而内心奸恶的金蜂，它身上穿着金青色的外衣，腹部缠着“青铜”和“黄金”织成的袍子，尾部系着一条蓝色的丝带。当一只泥匠蜂筑好了一座弯形的巢，把入口封闭，等里面的幼虫渐渐成长，把食物吃完后，吐着丝装饰着它的屋子的时候，金蜂就在巢外等待机会了。

一条细细的裂缝，或是水泥中的一个小孔，都足以让金蜂把它的卵塞进泥匠蜂的巢里去。总之，到了五月底，泥匠蜂的巢里又有了一个针箍形的茧子，从这个茧子里出来的，又是一个口边沾满无辜者鲜血的金蜂，而泥匠蜂的幼虫，早被金蜂当作美食吃掉了。

正如我们所知道的那样，蝇类总是扮演强盗、小偷或歹徒的角色。虽然它们看上去很弱小，有时候甚至你用手指轻轻一撞，就可以把它们全部压死，可它们的确祸害不小。

● 狡猾

有一种小蝇，身上长满了柔软的绒毛，娇软无比，只要你轻轻一摸就会把它压得粉身碎骨，它们脆弱得像一丝雪片，可是当它们飞起来时却有着惊人的速度。乍一看，只是一个迅速移动的小点儿。它在空中徘徊着，翅膀震动得飞快，使你看不出它在运动，倒觉得是静止的。好像是被一根看不见的线吊在空中。如果你稍微动一下，它就突然不见了。你会以为它飞到别处去了，怎么找都没有。它到哪儿去了呢？其实，它哪儿都没去，它就在你身边。

当你以为它真的不见了的时候，它早就回到原来的地方了。它飞行的速度是如此之快，使你根本看不清它运动的轨迹，那么它又在空中干什么呢？它正在打坏主意，在等待机会把自己的卵放在别人预备好的食物上。我现在

还不能断定它的幼虫所需要的是哪一种食物：蜜、猎物，还是其他昆虫的幼虫？

有一种灰白色的小蝇，我对它比较了解，它蜷伏在日光下的沙地上，等待着抢劫的机会。当各种蜂类猎食回来，有的衔着一只马蝇，有的衔着一只蜜蜂，有的衔着一只甲虫，还有的衔着一只蝗虫。大家都满载而归的时候，灰蝇就上来了，一会儿向前，一会儿向后，一会儿又打着转，总是紧跟着蜂，不让它从自己的眼皮底下溜走。当母蜂把猎物夹在腿间拖到洞里去的时候，它们也准备行动了。就在猎物将要全部进洞的那一刻，它们飞快地飞上去停在猎物的末端，产下了卵。就在那一眨眼的工夫里，它们以迅雷不及掩耳之势完成了任务。母蜂还没有把猎物拖进洞的时候，猎物已带着新来的不速之客的种子了，这些“坏种子”变成虫子后，将要把这猎物当作成长所需的食物，而让洞主人的孩子们活活饿死。

不过，退一步想，对于这种专门掠夺人家的食物吃人家的孩子来养活自己的蝇类，我们也不必对它们过于指责。一个懒汉吃别人的东西，那是可耻的，我们会称他为“寄生虫”，因为他牺牲了同类来养活自己。可昆虫从来不做这样的事情。它从来不掠取其同类的食物，昆虫中的寄生虫掠夺的都是其他种类昆虫的食物，所以跟我们所说的懒汉还是有区别的。

你还记得泥匠蜂吗？没有一只泥匠蜂会去沾染一下邻居所隐藏的蜜，除非邻居已经死了，或者已经搬到别处去很久了。其他的蜜蜂和黄蜂也一样。所以，昆虫中的寄生虫要比人类中的寄生虫要高尚得多。

我们所说的昆虫的寄生，其实是一种行猎行为。例如没有翅膀，长得跟蚂蚁似的那种蜂，它用别的蜂的幼虫喂自己的孩子，就像别的蜂用毛毛虫、甲虫喂自己的孩子一样。一切东西都可以成为猎手或盗贼，就看你从哪个的角度去看待它。其实，我们人类是最大的猎手和最大的盗贼：偷吃了小牛的

牛奶，偷吃了蜜蜂的蜂蜜，就像灰蝇掠夺蜂类幼虫的食物一样。人类这样做是为了抚育自己的孩子。

自古以来人类为了把自己的孩子拉扯大，不也总是想方设法不择手段吗？

感悟·思考

1.本文从哪几个方面展开对寄生虫的描写？

2.请谈谈你对寄生虫寄生行为的认识？

第十八章 天才的纺织家［精读］

名师导读

请问，不用仪器，不经过练习，谁能随手把一个圆等分？也许你不能。但是蜘蛛可以，它背着一个很重的袋子，踩在细细的丝线上，能够不假思索地将一个圆极为精确地等分。真是了不起！

● 织网

即使在最小的花园里，也能看到园蛛的踪迹。它们都算得上是天才的纺织家。

如果在黄昏的时候散步，我们可以从一丛迷迭香里寻找蛛丝马迹。我们所观察的蜘蛛往往爬行得很慢，所以我们应该索性坐在矮树丛里看。那里的光线比较充足。让我们再来给自己加一个头衔，叫作“蛛网观察家”吧！世界上很少有人从事这种职业，而且我们也不用指望从这行业赚钱。但是，不要计较这些，我们将得到许多有趣的知识。从某种意义上讲，这比从事任何一个职业要有意思得多。

我所观察的都是些小蜘蛛。它们比成年的蜘蛛要小

名师点评

阅读提示

这反映了作者的价值观，也说明作者对研究昆虫世界这项工作的由衷热爱。

名师点评

我的点评

写作借鉴

语言简练生动，把复杂的织网过程描写得有条不紊，层次分明。

得多。而且它们都是在白天工作，甚至是在太阳底下工作的，尽管它们的母亲只有在黑夜里才开始纺织。到每年一定月份的时候，蜘蛛们便在太阳下山前两小时左右开始它们的工作。

这些小蜘蛛都离开了白天的居所，各自选定地盘，开始纺线。有的在这边，有的在那边，谁也不打扰谁。我们可以任意地拣一只小蜘蛛来观察。

让我们就在这只小蜘蛛面前停下吧。它正在打基础呢。它在迷迭香的花上爬来爬去，从一根枝端爬到另一根枝端，忙忙碌碌的，它所攀到的枝大约都是十八寸距离之内的。太远的它就无能为力了。渐渐地，它开始用自己梳子似的后腿把丝从身体上拉出来，放在某个地方作为基底，然后漫无规则地一会儿爬上，一会儿爬下，这样奔忙了一阵子后，结果就构成了一个丝架子。这种不规则的结构正是它所需要的。这是一个垂直的扁平的“地基”。正因为它是错综交叉的，因此这个“地基”很牢固。

后来它在架子的表面横过一根特殊的丝，别小看这根细丝，那是一个坚固的网的基础。这根线的中央有一个白点，那是一个丝垫子。

现在是它做捕虫网的时候了。它先从中心的白点沿着横线爬，很快就爬到架子的边缘，然后以同样快的速度回到中心，再从中心出发以同样的方式爬到架子边缘，就这样一会儿上，一会儿下，一会儿左，一会儿右。每

爬一次便拉成一个半径，或者说，做成一根辐。不一会儿，便这儿那儿地做成了许多辐，不过次序很乱。

无论谁，如果看到它已完成的网是那么的整洁而有规则，一定会以为它做辐的时候也是按着次序一根根地织过去的，然而恰恰相反，它从不按次序做，但是它知道怎样使成果更完美。在同一个方向安置了几根辐后，它就很快地往另一个方向再补上几条，从不偏爱某个方向，它这样突然地变换方向是有道理的：如果先把某一边的辐都安置好，那这些辐的重量会使网的重心向这边偏移从而使网扭曲，变成很不规则的形状。所以它在一边安放了几根辐后，立刻又要到另一边去，为的是时刻保持网的平衡。

● **规则**

你们一定不会相信，像这样毫无次序又时时间断的工作会造出一个整齐的网。可是事实确实如此，造好的辐与辐之间的距离都相等，而且形成一个很完整的圆。不同的蜘蛛网的辐的数目也不同，角蛛的网有二十一根辐，条纹蜘蛛有三十二根，而丝光蛛有四十二根。这种数目基本是不变的，因此你可以根据蛛网上的辐条数目来判定它是哪种蜘蛛的网。

想想看，我们中间谁能做到这一点：不用仪器，不经过练习，而能随手把一个圆等分？蜘蛛可以。尽管它

名师点评

我的点评

我的点评

名师点评

写作借鉴

通过和人类的对比更加衬托了蜘蛛这种与生俱来的本领的高超，也的确让我们人类自叹弗如。

我的点评

身上背着很重的袋子，脚踩在软软的丝垫上，那些垫还随风飘荡，摇曳不定，但它居然能够不假思索地将一个圆极为精确地等分。它的工作看上去杂乱无序，完全不符合几何学的原理，但它能从不规则的工作中得出有规则的成果来。我们都对这个事实感到惊异。它怎么能用那么特别的方法完成如此困难的工作呢？这一点我至今还在怀疑。

安排辐的工作完毕后，蜘蛛就回到中央的丝垫上。然后从这一点出发，踏着辐绕螺旋形的圈子。它现在正在做一种极精致的工作。它用极细的线在辐上排下密密的线圈。这是网的中心，我们把它叫作“休息室”。越往外它就用越粗的线绕。圈与圈之间的距离也比以前大。绕了一会儿，它离中心已经很远了，每经过一次辐，它就把丝绕在辐上粘住。最后，它在“地基”的下边结束了工作。圈与圈之间的平均距离大约有三分之一寸。

这些螺旋形的线圈并不是曲线。在蜘蛛的工作中没有曲线，只有直线和折线。这线圈其实是辐与辐之间的横档所连成的。

以前所做的只能算作一个支架，现在它将要在这上面做更为精致的工作。这一次它从边缘向中心绕。而且圈与圈之间排得很紧，所以圈数也很多。

这种工作的详细情形很不容易看清，因为它的动作极为快捷而且振动得厉害，包括一连串的跳跃、摇摆和弯曲，使人看得眼花缭乱。如果分解它们的动作，可以看到它其中的两条腿不停地动着，一条腿把丝拖出来传给另外一条腿，另一条腿就把这丝安在辐上。由于丝本身有黏性，所以很容易在横档和丝接触的地方把新抽出来的丝粘上去。

蜘蛛不停地绕着圈，一面绕一面把丝粘在辐上。到达了那个被我们称作休息室的是它立刻结束了绕线运动。以后它就会把中央的丝垫子吃掉。它这么做是为了节约材料，下一次织网的时候就可以把吃下的丝再纺出来用了。

有两种蜘蛛，也就是条纹蛛和丝光蛛，做好了网后，还会在网的下部边缘的中心织一条很阔的锯齿形的丝带作为标记。有时候，它们还在这一条丝带的封面，就是网的上部边缘到中心之间再织一条较短的丝带，以表明这是它们的作品，著作权不容侵犯。

蛛网中用来作螺旋圈的丝极为精致，和那种用来做辐和地基的丝不同，它在阳光下闪闪发光，看上去像一条编好的丝带。我取了一些丝拿回家放在显微镜下，竟发现了惊人的奇迹：

那根细线本来就细得几乎连肉眼都看不出来，但它居然还是由几根更细的线缠合而成的，好像大将军剑柄上的链条一般。更使人惊异的是，这种线还是空心的，空的地方藏着极为浓厚的黏液，就和黏稠的胶液一样，我甚至可以看到它从线的一端滴出来。这种黏液能从线

名师点评

我的点评

阅读提示

将“网的上部边缘到中心”比作“封面”，将“再织一条短线带”的行为比作标明著作权不容侵犯。语言风趣幽默，读来让人忍俊不禁。

写作借鉴

作者观察力的敏锐让人佩服。

名师点评

写作借鉴

通过设问来引起下文，过渡自然，同时体现出作者善于钻研、思考，不断提出问题的精神。

我的点评

壁渗出来，使线的表面有黏性。我用一个小试验去测试它到底有多大黏性：用一片小草去碰它，立刻就被粘住了。现在我们可以知道，园蛛捕捉猎物靠的并不是围追堵截，完全靠它黏性的网，几乎能粘住所有碰到网的猎物。可是又有一个问题出来了：蜘蛛自己为什么不会被粘住呢？

我想其中一个原因，是它大部分时间坐在网中央的休息室里，而那里的丝完全没有黏性。不过这个说法不能自圆其说，它无法一辈子坐在网中央不动，有时候，猎物在网的边缘被粘住了，它必须很快地赶过去放出丝来缠住猎物，在经过自己那充满黏性的网时，它怎么防止自己不被粘住呢？是不是脚上有什么东西使它能在黏性的网上轻易地滑过呢？它是不是涂了什么油在脚上？因为大家都知道，要使表面物体不黏，涂油是最佳办法。

为了证明我的怀疑，我从一只活的蜘蛛身上切下一条腿，在二硫化碳里浸了一个小时，再用一个也在二硫化碳里浸过的刷子把这条腿小心地洗一下。二硫化碳是能溶解脂肪的，所以如果腿上有油的话，完全可以洗掉。现在我再把这条腿放到蛛网上，它被牢牢地粘住了！由此我们知道，蜘蛛在自己身上涂了一层特别的油，这样它能在网上自由地走动而不被粘住。但它又不愿老停在黏性的螺旋圈上，因为这种油是有限的，会越用越少。所以它大部分时间待在自己的休息室里。

从实验中我们得知蛛网中的螺旋线是很容易吸收水分的。因此当空气突然变得潮湿的时候，它们就停止织网工作，只把架子、辐和休息室做好，因为这些都不受水分的影响。至于螺旋线的部分，它们是不会轻易做上去的，因为如果它吸收过多的水分，以后就不能充分地吸水解潮了。有了这螺旋线，在极热的天气里，蛛网也不会变得干燥易断，因为它能尽量多地吸收空气中的水分以保持弹性并增加黏性。哪一个捕鸟者在做网的时候，在艺术上和技术上能比得上蜘蛛呢？而蜘蛛织这么精致的网只是为了捕一只小虫，真是大材小用了！

蜘蛛还是一个热忱积极的劳动者。我曾计算过，角蛛每做一个网需制造大约二十码长的丝，至于那更精巧的丝，光蛛就得造出三十码，在这两个月中，我的角蛛邻居几乎每夜都要修补它的网。这样，在这段时间，它就得从它娇小瘦弱的身体上绵绵不断抽出这种管状的、富有弹性的丝。

名师点评

写作借鉴

反问句增强了文章的说服力。“大材小用”的说法幽默风趣。

我的点评

品读·理解

本章描写的是被作者称为“天才纺织家”的蜘蛛。蜘蛛织网的本领的确高超，它可以不用仪器，不经过练习，尽管身上背着很重的袋子，脚踩在软软的丝垫上，那些垫还随风飘荡，摇曳不定，但它居然能够不假思索地将一个圆极为精确地等分。它的工作看上去杂乱无序，完全不符合几何学原理，但它能从不规则的工作中得出有规则的成果来。造物主的神奇确实让人费解又惊叹！

感悟·思考

1.作者将蜘蛛称为“天才纺织家”，通过本文的阅读，请回答蜘蛛的“天才”表现在什么地方？

2.园蛛捕捉猎物完全靠它具有黏性的网，它几乎能粘住所有的猎物。可是蜘蛛自己为什么不会被粘住呢？

第十九章 万能的几何学家

名师导读

毫不起眼的蛛网，居然符合高深的几何原理，真是太奇妙了！蜘蛛是怎么懂得这些知识的呢？看来它是无师自通啊！

● 螺线

留心一下吧，树枝上、角落里、屋檐下，都可能发现一些圆形的蜘蛛网，并且有一只蜘蛛静静地守在网的中心，它就是圆网蛛。圆网蛛的网非常具有艺术效果，不仅是大大小小的同心圆，而且不同大小的圆周之间都有网丝彼此相连，使得蜘蛛网珠联璧合又牢固坚韧。

圆网蛛是怎样编织它的网的呢？我们已经知道，蜘蛛织网的方式很特别，它把网分成若干等份，同一类蜘蛛所分的份数是相同的。当它安置辐的时候，我们只见它向各个方向乱跳，似乎毫无规则，但是这种无规则工作的成果是造出一个规则而美丽的网，像教堂中的玫瑰窗一般。即使用了圆规、尺子之类的工具，也没有一个设计家能画出比这更规范的网来。

我们可以看到，在同一个扇形里，所有的弦，也就是那构成螺旋形线圈的横幅，都是互相平行的，并且越靠近中心，这种弦之间的距离就越远。每

一根弦和支持它的两根辐交成四个角，一边的两个是钝角，另一边的两个是锐角。而同一扇形中的弦和辐所交成的钝角和锐角正好各自相等——因为这些弦都是平行的。

不但如此，凭我们的观察，这些相等的锐角和钝角，又和别的扇形中的锐角和钝角分别相等，所以，总的看来，这螺旋形的线圈包括一组组的横档以及一组组和辐交成相等的角。

这种特性使我们想到数学家们所称的“对数螺线”。这种曲线在科学领域是很著名的。对数螺线是一根无止境的螺线，它永远向着极绕，越绕越靠近极，但又永远不能到达极。即使用最精密的仪器，我们也看不到一根完全的对数螺线。这种图形只存在于科学家的假想中，可令人惊讶的是小小的蜘蛛也知道这线，它就是依照这种曲线的法则来绕它网上的螺线的，而且做得很精确。

这螺旋线还有一个特点。如果你用一根有弹性的线绕成一个对数螺线的图形，再把这根线放开来，然后拉紧放开的那部分，那么线的运动的一端就会划成一个和原来的对数螺线完全相似的螺线，只是变换了一下位置。这个定理是一位名叫杰克斯·勃诺利的数学教授发现的，他死后，后人把这条定理刻在他的墓碑上，算是他一生中最为光荣的事迹之一。

那么，难道有着这些特性的对数螺线只是几何学家的一个梦想吗？这真的仅仅是一个梦、一个谜吗？它究竟有什么用呢？

它确实广泛地巧合，总之它是普遍存在的，有许多动物的建筑都采取这一结构。有一种蜗牛的壳就是依照对数螺线构造的。世界上第一只蜗牛知道了对数螺线，然后用它来造壳，一直到现在，壳的样子还没变过。

在壳类的化石中，这种螺线的例子还有很多。现在，在南海，我们还可以找到一种太古时代的生物的后代，那就是鹦鹉螺。它们还是很坚贞地守着祖传的老法则，它们的壳和世界初始时它们的老祖宗的壳完全一样。也就是说，它们的壳仍然是依照对数螺线设计的，并没有因时间的流逝而改变。是在我们的死水池里，有一种螺，它也有一个螺线壳，普通的蜗牛壳也属于同一构造。

● 魔术

可是这些动物是从哪里学到这种高深的数学知识的呢？又是怎样把这些知识应用于实际的呢？有这样一种说法，说蜗牛是从蠕虫进化来的。某一天，蠕虫被太阳晒得舒服极了，无意识地揪住自己的尾巴玩弄起来，便把它绞成螺旋形取乐。突然它发现这样很舒服，于是常常这么做。久而久之便成了螺旋形的了，做螺旋形的壳的计划，就是从这时候产生的。

蜘蛛呢，它又是从哪里得到这个概念呢？它和蠕虫没有什么关系，然而它却很熟悉对数螺线，而且能够简单地运用到它的网中。蜗牛的壳要造好几年，所以它能做得很精致，但蛛网差不多只用一个小时就造成了，所以它只能做出这种曲线的一个轮廓，尽管不精确，但这确实算得上是一个螺旋曲线。是什么东西在指引着它呢？除了天生的技巧外，什么都没有。天生的技巧能使动物控制自己的工作，正像植物的花瓣和小蕊的排列法，它们天生就是这样的。没有人教它们怎么做，而事实上，它们也只能做这么一种，蜘蛛不知不觉地在练习高等几何学，靠着它生来就有的本领很自然地工作着。

我们抛出一个石子，让它落到地上，这石子在空间的路线是一种特殊的曲线。树上的枯叶被风吹下来落到地上，所经过的路程也是这种形状的曲线。科学家称这种曲线为抛物线。

几何学家对这曲线作了进一步的研究，他们假想这曲线在一根无限长的

直线上滚动，那么它的焦点将要画出怎样一道轨迹呢？答案是：垂曲线。这要用一个很复杂的代数式来表示。几何学家不喜欢用这么一个复杂的代数式，所以就用“e”来代表这个数。“e”是一个无限不循环小数，数学中常常用到它。

这种线是不是一种理论上的假想呢？并不是，你到处可以看到垂曲线的图形：当一根弹性线的两端固定，而中间松弛的时候，它就形成了一条垂曲线；当船的帆被风吹着的时候，就会弯曲成垂曲线的图形。这些寻常的图形中都包含着“e”的秘密。一根无足轻重的线，竟包含着这么深奥的科学知识！我们暂且别惊讶。一根一端固定的线的摇摆，一滴露水从草叶上落下来，一阵微风在水面拂起了微波，这些看上去稀松平常、极为平凡的事，如果从数学的角度去研究的话，就变得非常复杂了。

我们人类的数学测量方法是聪明的。但我们对发明这些方法的人，不必过分地佩服。因为和那些小动物的工作比起来，这些繁重的公式和理论显得又慢又复杂。难道将来我们想不出一个更简单的形式，并将它运用到实际生活中吗？难道人类的智慧还不足以让我们不依赖这种复杂的公式吗？我相信，越是高深的道理，其表现形式越应该简单而朴实。

在这里，我们这个魔术般的“e”字又在蜘蛛网上被发现了。在一个有雾的早晨，这黏性的线上排了许多小小的露珠。它的重量把蛛网的丝压得弯下来，于是构成了许多垂曲线，像许多透明的宝石串成的链子。太阳一出来，这一串珠子就发出彩虹一般美丽的光彩，好像一串金刚钻。“e”这个数目，就包蕴在这光明灿烂的链子里。望着这美丽的链子，你会发现科学之美、自然之美和探究之美。

几何学，这研究空间的和谐的科学几乎统治着自然界的一切。在铁杉果的鳞片的排列以及蛛网的线条排列中，我们能找到它；在蜗牛的螺线中，我

们能找到它；在行星的轨道上，我们也能找到它，它无处不在，无时不在，在原子的世界里，在广大的宇宙中，它的足迹遍布天下。

这种自然的几何学告诉我们，宇宙间有一位万能的几何学家，它已经用它神奇的工具测量过宇宙间所有的东西。所以万事万物都有一定的规律。我觉得用这个假设来解释鹦鹉螺和蛛网的对数螺线，似乎比蠕虫绞尾巴而制造螺线的说法更恰当。

感悟·思考

1.依照对数螺线构造建筑的动物有哪些？

2.请从本篇中找出两句使用比喻修辞的句子。

第二十章　聪明的电报学家［精读］

名师导读

蜘蛛是一个电报专家，能分辨出囚徒挣扎的信号和风吹动所发出的假信号。这样，它就不会为了风吹草动而跑很多冤枉路了。由此看来，蜘蛛很懂得节省体力。

● 聪明

名师点评

我的点评

在六种园蛛中，通常歇在网中央的只有两种，那就是条纹蜘蛛和丝光蜘蛛。它们即使受到烈日的灼晒，也绝不轻易离开网去阴凉处歇一会儿。至于其他蜘蛛，一律不在白天出现，它们自有办法使工作和休息两不相误。在离它们的网不远的地方，有一个隐蔽的场所，是用叶片和线卷成的，白天它们就躲在这里面，静静地，让自己深深地陷入沉思中。

阳光明媚的白天虽然使蜘蛛们头晕目眩，却也是其他昆虫最活跃的时候：蝗虫们更活泼地跳着，蜻蜓们更快活地飞舞着，正是蜘蛛们捕食的好时机。那富有黏性的网，虽然晚上是蜘蛛的居所，但是白天却是一个大陷阱。如果有一些粗心又愚蠢的昆虫碰到网上，被粘住了，躲在别处

的蜘蛛是否会知道呢？不要为蜘蛛会错失良机而担心，只要网上一有动静，它便会闪电般地冲过来。它是怎么知道网上发生的事的呢？让我来解释吧。

使它知道网上有猎物的是网的振动，而不是它自己的眼睛。为了证明这一点，我把一只死蝗虫轻轻地放到有好几只蜘蛛的网上，并且放在它们看得见的地方。有几只蜘蛛是在网中，有几只是躲在隐蔽处，可是它们似乎都不知道网上有了猎物。后来我把蝗虫放到了它们面前，它们还是一动不动。它们似乎瞎了，什么也看不见。于是我用一根长草拨动那死蝗虫，让它动起来，同时使网振动起来。

名师点评

阅读提示

运用设问句承上启下，过渡自然。

● 原理

结果证明：停在网中的条纹蛛和丝光蛛飞速赶到蝗虫身边；其他隐藏在树叶里的蜘蛛也飞快地赶来，好像平时捉活虫一般，熟练地放出丝来把死蝗虫捆了又捆，缠了又缠，丝毫不怀疑自己是在浪费宝贵的丝线，由这个实验可见，蜘蛛什么时候出来攻击猎物，完全要看网什么时候振动。

写作借鉴

此处的描写生动有趣，比喻修辞和一系列的动作描写，很好地刻画出蜘蛛捕猎时兴奋、急切的心情。

仔细观察那些白天隐居的蜘蛛们的网，可以看到从网中心有一根丝一直通到它隐居的地方，这根线的长短大约有二十二寸；不过角蛛的网有些不同，因为它们是隐居在高高的树上的，所以它的这根丝一般有八九尺长。

名师点评

我的点评

这条斜线还是一座桥梁，靠着它，蜘蛛才能匆匆从隐居的地方赶到网中，等它在网中央的工作完毕后，又沿着它回到隐居的地方，但这并不就是这根线的全部效用。如果它的作用仅仅在于这些的话，那么这根线应该从网的顶端引到蜘蛛的隐居处就可以了。因为这可以减小坡度，缩短距离。

这根线之所以要从网的中心引出是因为中心是所有的辐的出发点和连接点，每一根辐的振动，对中心都有直接的影响。一只虫子在网的任何一部分挣扎，都能把振动直接传导到中央这根线上。所以蜘蛛躲在远远的隐蔽处，就可以从这根线上得到猎物落网的消息。这根斜线不但是一座桥梁，而且是一种信号工具，是一根电报线。

阅读提示

比喻生动形象。

年轻的蜘蛛都很活泼，它们都不懂得接电报线的技术。只有那些老蜘蛛们，当它们坐在绿色的帐幕里默默地沉思或是安详地假寐的时候，会留心着电报线发出的信号，从而得知在远处的动静。

长时间守候很辛苦，为了减轻工作压力并能好好休息，同时又丝毫不放松对网上发生的情况的警觉，蜘蛛总是把腿搁在电报线上。这里有一个真实的故事可以证明这一点。

写作借鉴

运用插叙，插入与情节相关的故事，使得文章内容生动、丰富。

我曾经看到一只在两棵相距一码的常青树间结一张网的角蛛。太阳照得丝网闪闪发光，它的主人早已在天亮之前藏到居所里去了。如果你沿着电报线找过去，就很容易找到它的居所。那是一个用枯叶和丝做成的圆屋

顶。造得很深，蜘蛛的身体几乎全部隐藏在里面，用后端身体堵住进口。

它的前半身埋在它的居所里，所以，它当然看不到网上的动静了——即使它有一双敏锐的眼睛也未必看得见，何况它其实是个半瞎子呢！那么在阳光灿烂的白天，它是不是就放弃捕食了呢？让我们再看看吧。

你瞧，它的一条后腿忽然伸出叶屋，后腿的顶端连着一根丝线，而那线正是电报线的另一个端点！我敢说，无论是谁，如果没有看见过蜘蛛的这手绝活，即把手（即它的脚端）放在电报接收器上的姿势，他就不会知道动物表现自己智慧的最有趣的一个例子。让猎物在这张网上出现吧，让这位假寐的猎手感觉到电报传来的信号吧！我故意放了一只蝗虫在网上。以后呢？一切都像我预料的那样，虫子的振动带动网的振动，网的振动又通过丝线——“电报线”传导到守株待兔的蜘蛛的脚上。蜘蛛为得到食物而满足，而我比它更满意：因为我学到了我想学的东西。

还有一点值得讨论的地方。那蛛网常常要被风吹动，那么电报线是不是不能区分网的振动是来自猎物的降临还是风的吹动呢？事实上，当风吹动引起电报线晃动的时候，在居所里闭目养神的蜘蛛并不行动，它似乎对这种假信号不屑一顾。所以这根电报线的另外一个神奇之处在于，它像一台电话，就像我们人类的电话一样，能够传来各种真实的声音。蜘蛛用一个脚趾接着电话线，用腿听着信号，还能分辨出囚徒挣扎的信号和风吹动所发出的假信号。

名师点评

我的点评

写作借鉴

运用设问修辞，在引起读者思索的同时也使得文章内容丰富、紧凑。比喻生动形象，浅显易懂。

感悟·思考

1.文中，作者为了弄清蜘蛛是如何发现网上猎物的，使用了什么办法？给我们什么启示？

2.如果蛛网被风吹动，那么电报线能区分网的振动是来自猎物的降临还是风的吹动吗？电报线的神奇之处在哪里？

第二十一章 条纹蜘蛛——耗尽生命筑巢育子［精读］

名师导读

有一种昆虫，你为能欣赏到它们艺术品似的小巢而倍感幸福，你为能领略它在母性表露方面所显示出的天才而叹服，下文就将为你讲述这种极近完美的条纹蜘蛛。

不管是谁，大概都不会喜欢冬季。在这个季节里，许多虫子都在冬眠。不过这并不能说明没有什么虫子可供你观察了。这时候如果有一个观察者在阳光所能照到的沙地里寻找，或是搬开地下的石头，或是在树林里搜索，他总能找到一种非常有趣的东西，那是一件真正的艺术品。那些有幸欣赏到这艺术作品的人真是幸福。在一年将要结束的时候，发现这种艺术品的喜悦使我忘记了一切不快，忘记了一天比一天更糟的气候。

如果有人在野草丛里或柳树丛里搜索的话，我祝福他能找到一种神秘的东西：这是条纹蜘蛛的巢。正像我眼前所呈现的一样。无论从举止还是从颜色上讲，条纹蜘蛛是我所知道的蜘蛛中最完美的一种。在它那胖胖的像榛子仁一般大小的身体上，有着黄、黑、银三色相间

名师点评

阅读提示

美在于发现，作者把小动物的巢穴看成是艺术品，说明他有一双善于发现美的眼睛。

名师点评

我的点评

的条纹，所以它的名字叫条纹蜘蛛。它们的八只脚环绕在身体周围，好像车轮的辐条。

几乎什么小虫子它都爱吃。不管那是蝗虫跳跃的地方还是苍蜂盘旋的地方，是蜻蜓跳舞的地方还是蝴蝶飞翔的地方，只要能找到攀网的地方，它就会立刻织起网来。它常常把网横跨在小溪的两岸，因为那种地方猎物比较丰盛。有时候它也在长着小草的斜坡上或榆树林里织网，因为那里是蚱蜢的乐园。

它捕获猎物的武器便是那张大网，网的周围攀在附近的树枝上。它的网和别种蜘蛛的网差不多：放射形的蛛丝从中央向四周扩散，然后在这上面连续地盘上一圈圈的螺线，从中央一直到边缘。整张网做得非常大，而且整齐对称。

我的点评

在网的下半部，有一根又粗又宽的带子，从中心开始沿着辐一曲一折，直到边缘，这是它的作品的标记，也是它在作品中的一种签名。同时这种粗的折线也能增加网的坚固性。

网需要做得很牢固，因为有时候猎物很重，它们一挣扎，很可能会把网撑破。而蜘蛛自己不会选择或捕捉猎物，所以只能不断地改进自己的大网以捕获更多的猎物。它静静地坐在网的中央，把八只脚撑开，为的是能感觉到网的每一个方向的动静。摆好阵势后，它就等候着，看命运会赐予它什么：有时候是那种微弱到无力控制自己飞行的小虫；有时候是那种强大而

鲁莽的昆虫，在做高速飞行的时候一头撞在网上。有时候它好几天一无所获，也有时候它的食物会丰盛得好几天都吃不完。

蝗虫，尤其是一种火蝗，它控制不了自己腿部的肌肉，于是常常跌进网中。你可能会想，蜘蛛的网一定受不住蝗虫的冲撞，因为蝗虫的个头儿要比蜘蛛大得多，只要它用脚一蹬，立刻就可以把网蹬出一个大洞，然后逃之夭夭。其实情况并不是这样的，如果在第一下挣扎之后不能逃出的话，那么它就再也没有逃生的希望了。

条纹蜘蛛并不急于吃掉蝗虫，而是用它全部的丝囊同时射出丝花，再用后腿把射出来的丝花捆起来。它的丝囊是制造丝的器官，上面有细孔，像喷水壶的莲蓬头一般。它的后腿比其余的腿要长，而且能张得很开，所以射出的丝能分散得很开。这样，它从腿间射出来的丝已不是一条条单独的丝了，而是一片丝，像一把云做的扇子，有着虹霓一般的色彩。然后它就用两条后腿很快地交替着把这种薄片，或者说是裹尸布，一片片地向蝗虫撒去，就这样把蝗虫完全缠住了。

这不由得让我想起了古时候的角斗士。每逢要和强大的野兽角斗的时候，他们总是把一个网放在自己的左肩上，当野兽扑过来时，他右手一挥，就能敏捷地把网撒开，就像能干的渔夫撒网捕鱼那样，把野兽困在网里，再加上三叉戟一刺，就结果了它的性命。

名师点评

字词积累

逃之夭（yāo）夭：《诗经·周南·桃夭》有“桃之夭夭”一句，形容桃树枝叶繁茂，因“桃”“逃”同音，借来说逃跑，诙谐幽默。

写作借鉴

比喻形象生动。

写作借鉴

此为插叙写法，为的是和蜘蛛进行类比。

名师点评

蜘蛛用的也是这种方法，而且它还有一个绝招是人类所没有的：它可以把自己制造的丝制的锁链绵绵不断地缠到蝗虫身上，一副不够，第二副立即跟着抛上来，第三副、第四副……直到它所有的丝用完为止，而人类的网只有一副，但即使有很多，也不可能这么迅速地接连抛出去。

当那白丝网里的囚徒决定放弃抵抗、坐以待毙的时候，蜘蛛便得意扬扬地向它走过去，它有一个比角斗士的三叉戟还厉害的武器，那就是它的毒牙。它用毒牙咬住蝗虫，美滋滋地饱餐一顿，然后回到网中央，继续等待下一个自己送上门来的猎物。

写作借鉴

以拟人化的手法把蜘蛛的神态动作描写得活灵活现。

● 蜘蛛的巢

蜘蛛在母性方面的表露甚至比猎取食物时所显示的天才更令人叹服。它的巢是一个丝织的袋，它的卵就产在这个袋里。它这个巢要比鸟类的巢神秘，形状像一个倒置的气球，大小和鸽蛋差不多，底部宽大，顶部狭小，顶部是削平的，围着一圈扇蛤形的边。整个看来，这是一个用几根丝支持着的蛋形的物体。

阅读提示

一句话承上启下，也表明了本节所描写的主要内容。

巢的顶部是凹形的，上面像盖着一个丝盖碗。巢的其他部分都包着一层又厚又细嫩的白缎子，点缀着一些丝带和褐色或黑色的花纹。我们立刻可以猜到这一层白缎子的作用，它是防水的，雨水或露水都不能浸透。

为了防止里面的卵被冻坏，仅仅使巢远离地面或藏在枯草丛里是远远不够的，还必须有一些专门的保暖设备。让我们用剪刀把包在外面的这层防雨缎子剪开来看看。在这下面我们发现了一层红色的丝。这层丝不是通常那样的纤维状，而是很蓬松的一束。这种物质，比天鹅的绒毛还要软，比冬天的火炉还要暖和，它是未来小蜘蛛们的安乐床。小蜘蛛们在这张舒适的床上就不会受到寒冷空气的侵袭了。

在巢的中央有一个锤子一样的袋子，袋子的底部是圆的，顶部是方的，有一个柔嫩的盖子盖在上面。这个袋子是用非常细软的缎子做成的，里面就藏着蜘蛛的卵。蜘蛛的卵是一种极小的橘黄色的颗粒，聚集在一块儿，拼成一颗豌豆大小的圆球。这些是蜘蛛的宝贝，母蜘蛛必须保护着它们不受冷空气的侵袭。

那么蜘蛛是怎样造就这样精致的袋子的呢？让我们来看看它做袋子时的情形吧！它做袋子的时候，慢慢地绕着圈子，同时放出一根丝，它的后腿把丝拉出来叠在上一个圈的丝上面，就这样一圈圈地加上去，就织成了一个小袋子。袋子与巢之间用丝线连着，这样使袋口可以张开。袋的大小恰好能装下全部的卵而不留一点儿空隙，也不知道蜘蛛妈妈如何掌握得那么精确。

产完卵后，蜘蛛的丝囊又要开始运作了。但这次工作和以前不同。只见它先把身体放下，接触到某一点，然后把身体抬起来，再放下，接触到另一点，就这

名师点评

我的点评

我的点评

样一会儿在这，一会儿在那，一会儿上，一会儿下，毫无规则，同时它的后脚拉扯着放出来的丝。这种工作的结果，不是织出一块美丽的绸缎，而是造就一张杂乱无章、错综复杂的网。

接着它射出一种红棕色的丝，这种丝非常细软。它用后腿把丝压严实，包在巢的外面。

然后它再一次变换材料，又放出白色的丝，包在巢的外侧，使巢的外面又多了一层白色的外套。而且，这时候巢已经像个小气球了，上端小，下端大，接着它再放出各种颜色不同的丝，赤色、褐色、灰色、黑色……让你目不暇接，它就用这种华丽的丝线来装饰它的巢。直到这一步结束，整个工作才算大功告成了。

蜘蛛开着一个多么神奇的纱厂啊！靠着这个简单而永恒的工厂——它可以交替做着搓绳、纺线、织布、织丝带等各种工作，而这里面的全部机器只是它的后腿和丝囊。它是怎样随心所欲地变换“工种”的呢？它又是怎样随心所欲地抽出自己想要的颜色的丝呢？我只能看到这些结果，却不知道其中的奥妙。

建巢的工作完成后，蜘蛛就头也不回地慢步走开了，再也不会回来，不是它狠心，而是它真的不需要再操心了。时间和阳光会帮助它孵卵的，而且，它也没有精力再操心了。在替它的孩子做巢的时候，它已经把所有的丝都用光了，再也没有丝给自己张网捕食了。况且它自己也已经没有食欲了。衰老和疲惫使它在世界上苟

名师点评

我的点评

字词积累

目不暇接：东西太多，眼睛都看不过来。暇：闲暇；接：接收。

写作借鉴

作者的感慨和议论增强了文章的文学色彩，吸引读者阅读。

延残喘了几天后就安详地死去了。这便是我那匣子里的蜘蛛的终结，也是所有树丛里的蜘蛛的必然归宿。

名师点评

阅读提示

语句中充满人性的关怀。在作者看似平静的叙述中，我们体会到一种伤感，一种无奈，也更加深了对“可怜天下父母心”这句话的理解。

条纹蜘蛛的家族

你还记得那小小的巢里的橘黄色的卵吧，那些美丽的卵的总数有五颗之多。你还记得它们是被密封在白缎子做的巢里的吧，那么当里面的小东西要跑出来，又冲不破白丝做的墙的时候该怎么办呢？当时它们的母亲又不在身旁，不能帮助它们冲破丝袋，它们是用什么办法来解决这个问题的呢？

动物在许多地方和植物有类似之处。蜘蛛的巢在我看来相当于植物的果实，只不过它里面包含的不是种子而是卵而已，自己不能动，但它们的种子却能在很远的地方生根发芽。因为植物有许多传播种子的方法，把它们送到四面八方：凤仙花的果实成熟的时候，只要受到轻轻地碰触，便会裂成五瓣，每一瓣各自蜷缩起来，把种子弹到很远的地方；还有一种很轻的种子，像蒲公英的种子，长着羽毛，风一吹就能把它们带到很远的地方；榆树的种子是嵌在一张又宽又轻的扇子里的；槭树的种子成对地搭配，好像一双张开的翅；桂树的种子形状像船桨，风能够让它飞到极远的地方……这些种子随遇而安，落到什么地方就在那里安家落户，开始下一轮的生死循环。

写作借鉴

作者不仅是研究动物世界的专家，他在植物学方面的知识也非常丰富，所列举几种植物的例子信手拈来。

名师点评

字词积累

乳臭（xiù）未干：身上的奶腥气还没有完全退掉，形容人幼稚不懂事理，有时用来表示对年轻人的轻蔑或不信任。

我的点评

和植物一样，动物也凭借大自然的力量用千奇百怪的方法让它们的种族散布在各地。你可以从条纹蜘蛛的身上略知一二。三月间，正是蜘蛛的卵开始孵化的时候。如果我们用剪刀把蜘蛛的巢剪开，就可以看到有些卵已经变成小蜘蛛爬到中央那个袋子的外面，有些仍旧是橘黄色的卵。这些刚刚拥有生命、乳臭未干的小蜘蛛身上还没有披上像它们的母亲那样美丽的条纹衣服，背部是淡黄色的，腹部是棕色的，它们要在袋子的外面，巢的里面，待上整整四个月。在这段时间里，它们的身体渐渐变得强壮丰满起来，和其他动物不同的是，它们是在巢里而不是在外面的大天地中逐渐变为成年蜘蛛的。

到了六七月里，这些小蜘蛛急于要冲出来。可是它们无法在那坚硬的巢壁上挖洞。那孩子怎么办呢？不用担心，那巢自己会裂开的，就像成熟种子的果皮一样，自动地把后代送出来。它们一出巢，就各自爬到附近的树枝上，同时放出极为轻巧的丝来，这些丝在空中飘浮的时候，会把它们牵引到别的地方去。关于小蜘蛛这种奇特的飞行工具，我们在下一篇还会详细讲到。

品读·理解

本篇介绍的条纹蜘蛛，无论从举止还是从颜色上讲，都是作者所知道的蜘蛛中最完美的一种。几乎什么小虫子它都爱吃。它的网做得非常大，而且整齐对称，用以捕捉猎物。蜘蛛在母性方面的表露甚至比猎取食物时所显示的天才更令人叹服。它的巢是一个丝织的袋，它的卵就产在这个袋里。筑巢的全部机器只是它的后腿和丝囊。它却可以随心所欲地变换“工种”，并且抽出自己想要的颜色的丝。

感悟·思考

1.作者为什么说条纹蜘蛛是他所知道的蜘蛛中最完美的一种？

2.在“蜘蛛的巢”这一小节中，最后一个自然段对蜘蛛母性精神的描写让人十分感动，请你谈谈对这段内容的感想？

第二十二章 蜣螂——神圣的甲虫 [精读]

名师点评

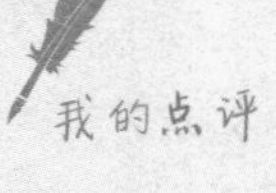

我的点评

● 劳动

蜣螂第一次被人们谈到，是在过去的六七千年以前。古代埃及的农民，在春天灌溉农田的时候，常常看见一种肥肥的黑色的昆虫从他们身边经过，忙碌地向后推着一个圆球似的东西。他们当然惊讶地注意到了这个奇形怪状的旋转物体，像今日布罗温司的农民那样。

从前埃及人想象这个圆球是地球的模型，蜣螂的动作与天上星球的运转相合。他们以为这种甲虫具有这样多的天文学知识，因而是很神圣的，所以他们叫它“神圣的甲虫”。同时他们又认为，甲虫抛在地上滚的球体，里面装的是卵子，小甲虫是从那里出来的。但是事实上，这仅是它的食物储藏室而已，里面并没有卵子。

这圆球并不是什么可口的食品。因为甲虫的工作，是从地面上收集污物，这个球就是它把路上与野外的垃圾很仔细地搓卷起来形成的。

做成这个球的方法是这样的：在它扁平的头的前边，长着六颗牙齿，它们排列成半圆形，像一种弯形的钉耙，用来掘割东西。甲虫用它们抛开它所不要的东

阅读提示

将蜣螂半圆形的牙齿比作变形的钉耙，生动形象。

西，收集起它所选拣好的食物。它的弓形的前腿也是很有用的工具，因为它们非常的坚固，而且在外端也长有五颗锯齿。所以，如果需要很大的力量去搬动一些障碍物，甲虫就利用它的臂。

它左右转动它有齿的臂，用一种有力的扫除法，扫出一块小小的面积。于是，在那里堆集起了它所耙集来的材料。然后，再放到四支后爪之间去推。这些腿是长而细的，特别是最后的一对，形状略弯曲，前端还有尖的爪子。甲虫再用这后腿将材料压在身体下，搓动、旋转，使它成为一个圆球。一会儿，一粒小丸就增大到胡桃那么大，不久又大到像苹果一样。我曾见到有些贪吃的家伙，把圆球做到拳头那么大。

食物的圆球做成后，必须搬到适当的地方去。于是，甲虫就开始旅行了。它用后腿抓紧这个球，再用前腿行走，头向下俯着，臀部举起，向后退着走。把在后面堆着的物件，轮流向左右推动。谁都以为它要拣一条平坦或不很倾斜的路走。但事实并非如此！它总是走险峻的斜坡，攀登那些简直不可能上去的地方。这固执的家伙，偏要走这条路。这个球非常的重，甲虫一步一步艰苦地向上推，万分留心，到了相当的高度，而且它常常是退着走的。只要有一些不慎重的动作，劳动就全白费了：球滚落下去，连甲虫也被拖下来了。再爬上去，结果再掉下来。它这样一次又一次地向上爬，一点儿小故障，就会前功尽弃，一根草根能把它绊倒，一块滑石

名师点评

我的点评

写作借鉴

动作描写生动细致，将蜣螂搬食物的情形表现得活灵活现。

写作借鉴

运用排比修辞，突出了蜣螂攀爬的艰难，同时也从侧面反映出了蜣螂的固执。

名师点评

会使它失足。球和甲虫都跌下来，混在一起，有时经过一二十次的继续努力，才得到最后的成功。有时直到它的努力成为绝望，才会跑回去另找平坦的路。

● 合作

圣甲虫并非总是单独地运送这珍贵的粪球，常常会给自己找个同伴，确切地说，是同伴主动加入进来。一般情况下，一个圣甲虫做好粪球后，旁边那只后来的、刚开始工作的圣甲虫突然放下手中的活计，跑到滚动的粪球前帮忙，而粪球的拥有者也很乐意接受帮助。于是，它俩一道干起来，竞相出力把粪球运送到安全的地方。在劳动工地上，这是否有心照不宣的协议、平分食物的默契？是否一个在制作粪球时，另一个则挖掘富矿采选优质材料，把它添到共同的食物上呢？这种合作从未见过，只是看到每只圣甲虫在开心地忙着自己的事情。所以，后来者是没有分享劳动果实的权利的。

尽管用词不很恰当，我还是把那两个合作的圣甲虫称作同伴。那个后来者是强行加入的，而前者生怕遇到更严重的灾祸，才无可奈何地接受帮助。不过，它们的相处还算和平。作为物主的圣甲虫看到同伴的到来，并未放下自己的工作。新来者满怀热情，立即干起活来。它们一前一后，相互配合。物主占据主导位置，从后面推粪球，后腿朝上头向下；那个同伴则在前面，头朝

我的点评

写作借鉴

动作描写生动具体，活灵活现地再现了圣甲虫合作的情形。

上，带锯齿的前腿按在粪球上，长长的后腿着地。粪球在它们中间，经过推拉而向前滚动。

它们的合作并不总是很协调的。因为同伴背对路径，而物主的视线又被粪球挡住了，所以事故较多，摔倒在地是常有的事。不过它们能泰然面对，匆匆爬起来，重新站好位置，不会把次序弄颠倒。即使在平地上，这种运输方式也是费力的，因为它们的配合无法天衣无缝。其实，如果是后面那只圣甲虫独自搬运，也许会更快更好。所以入伙者在表现好意之后，便不顾有破坏合作协议的危险，决定不再干活，当然，它不会放弃那个珍贵的粪球，也不会让物主抛下它。

于是，它把腿收到腹下，身子贴在粪球上，与之成为一体。从此，粪球和这个贴在其表面的圣甲虫在合法物主的推动下，一起向前滚动着。不管它在粪球的上下还是左右，它都不在乎。它牢牢地贴在粪球上，一声不吭。这种同伴很少见，它让别人用力推着自己，还要分得一份食物。

那么，一切就绪，洞穴已经挖好，通常是在沙地上，洞不深，有拳头那么大，有一条细道与外界相通，细道正好让粪球进入。食物一旦储藏好，圣甲虫便把自己关在家里，用杂物把洞口封住。门关上后，外界根本看不出下面有个宴会厅。多么高兴啊！宴会厅里美妙无比，餐桌上有丰盛的佳肴，天花板遮挡着烈日，只透进来一丝潮湿温馨的热气，这一切都有助于肠胃功能的

名师点评

我的点评

阅读提示

作者的描写非常有趣，一个狡黠又偷懒的圣甲虫形象跃然纸上。

名师点评

发挥。

这个宴会厅几乎被那个粪球占满了，丰盛的食物从地板堆到天花板。一条狭小的通道把粪球与洞壁隔开。食者就在通道上用餐，常常是独自一个，肚子朝着餐桌，背部靠着洞壁。一旦坐好，就不再动了，然后就放开嘴去吃，不会因丝毫的分心少吃一口，也不会因挑剔而浪费一粒粮食。粪球全部被一丝不苟、有条不紊地吃了下去。看到它们如此虔诚地吃着粪球，人们会以为它们意识到自己在完成大地净化的工作，把粪土化为赏心悦目的鲜花和圣甲虫的鞘翅，来装点春天的草坪。

写作借鉴

作者用白描的语言为我们刻画了一个贪吃者的形象，而贪吃的对象竟是粪球，真是太有趣了！

但是，这种化粪土为神奇的工作，要在最短的时间里完成，所以圣甲虫天生便具有一种其他昆虫所没有的消化能力。它一旦把食物搬回来，就夜以继日地吃，直到把食物消灭干净为止。不管什么时候，它都坐在餐桌边，身后拖着一条随便盘着的像缆绳似的长带子。前头不停地吃，后头则不断地排泄。当食物即将吃完时，这条盘起来的带子已经长得惊人。到哪里去找这样的胃呢？它为了不浪费一点儿东西，可是把这可怜的食物作为美味佳肴，一个星期、两个星期不间断地进食啊！

阅读提示

语言风趣幽默，给人以轻松愉悦的阅读感受。

● 盗贼

有的时候，蜣螂好像是一个善于合作的动物，而这种事情是常常发生的。当一个甲虫的球已经做成，它会离开它的同类，把收获品向后推动。一个将要开始工作的邻居，看到这种情况，会忽然抛下工作，跑到这个滚动的球边上来，帮球主人一臂之力。它的帮助当然是值得欢迎的。但它并不是真正的伙伴，而是一个强盗。要知道自己做成圆球是需要苦工和忍耐力的！而偷一个已经做成的，或者到邻居家去吃顿饭，那就容易多了。有的贼甲虫，用很狡猾的手段，有的简直使用武力呢！

有时候，一个盗贼从上面飞下来，猛地将球的主人击倒。然后它自己蹲在球上，前腿靠近胸口，静待抢夺的事情发生，预备互相争斗。如果球的主人起来抢球，这个强盗就给它一拳，从后面打下去。于是主人又爬起来，推摇这个球，球滚动了。强盗也许因此滚落。那么，接着就是一场角力比赛。两个甲虫互相扯扭着，腿与腿相绞，关节与关节相缠，它们角质的甲壳互相冲撞，摩擦，发出金属互相摩擦的声音，胜利的甲虫爬到球顶上，贼甲虫失败几回被驱逐后，只有跑开去重新做自己的小弹丸。有几回，我看见第三个甲虫出现，像强盗一样抢劫这个球。

但也有时候，贼竟会牺牲一些时间，利用狡猾的手段来行骗。它假装帮助这个被驱者搬动食物，经过生满百里香的沙地，经过有深车轮印和险峻的地方，但实际上它用的力却很少，它做的大多只是坐在球顶上观光，到了适宜于收藏的地点，主人就开始用它边缘锐利的头、有齿的腿向下开掘，把沙土抛向后方，而这贼却

名师点评

我的点评

写作借鉴

动作描写突出细节，生动传神，说明作者观察得十分仔细。

我的点评

名师点评

抱住那球假装死了。土穴越掘越深，工作的甲虫看不见了。即使有时它到地面上来看一看，球旁睡着的甲虫动也不动，觉得很安心。但是主人离开的时间久了，那贼就乘这个机会，很快地将球推走，同小偷怕被人捉住一样快。假使主人追上了它——这种偷盗行为被发现了——它就赶快变更位置，看起来好像它是无辜的，因为球向斜坡滚下去了，它仅是想止住它啊！于是两个伙伴又将球搬回，好像什么事情都没有发生一样。

写作借鉴

心理描写惟妙惟肖，语言风趣幽默。

假使那贼安然逃走了，主人的艰苦白费了，只有自认倒霉。它揩揩颊部，吸点空气，飞走，重新另起炉灶。我很羡慕而且嫉妒它这种百折不挠的品质。

● 地穴

最后，它的食品才平安地储藏好了。储藏室是在软土或沙土上掘成的土穴。做的如拳头般大小，有短道通往地面，宽度恰好可以容纳圆球。食物推进去，它就坐在里面，进出口用一些废物塞起来，圆球刚好塞满一屋子，肴馔从地面上一直堆到天花板。在食物与墙壁之间留下一个很窄的小道，设筵人就坐在这里，至多两个，通常只是自己一个。神圣甲虫昼夜宴饮，差不多一个礼拜或两个礼拜，没有一刻停止过。

我已经说过，古代埃及人以为圣甲虫的卵，是在我刚才叙述的圆球当中的，这个我已经证明不是如此。关

于甲虫放卵的真实情形，有一天碰巧被我发现了。

我认识一个牧羊的小孩子，他在空闲的时候常来帮助我。有一次，在六月的一个礼拜日，他到我这里来，手里拿着一个奇怪的东西，看起来好像一只小梨，但已经失掉新鲜的颜色，因腐朽而变成褐色，可摸上去很坚固，样子很好看，虽然原料似乎并没有经过精细的筛选。他告诉我，这里面一定有一个卵，因为有一个同样的梨，掘地时被偶然弄碎，里面藏有一粒像麦子一样大小的白色的卵。

第二天早晨，天才刚刚亮，我就同这位牧童出去考察这个事实。

一个圣甲虫的地穴不久就被找到了，或者你也知道，它的土穴上面，总会有一堆新鲜的泥土积在那里。我的同伴用小刀铲向地下拼命地掘，我则伏在地上，因为这样容易看见有什么东西被掘出来。一个洞穴掘开了，在潮湿的泥土里，我发现了一个精制的“梨”。我真的不会忘记，这是我第一次看见一个母甲虫的奇异的工作呢！当挖掘古代埃及遗物的时候，如果我发现这圣甲虫是用翡翠雕刻的，我的兴奋却也不见得更大呢。

我们继续搜寻，于是发现了第二个土穴。这次母甲虫在梨的旁边，而且紧紧抱着这只梨。这当然是在它未离开以前，完工毕事的举动，用不着怀疑，这个梨就是蜣螂的卵子了。在这一个夏季，我至少发现了一百个这样的卵子。

名师点评

阅读提示

对于牧羊小孩故事的介绍采用了插叙的手法，交代了作者发现甲虫放卵的来由和经过，使得文章真实可信。

写作借鉴

抒发了作者对于这一发现的兴奋心情，表现出作者对于昆虫研究的热衷与乐此不疲。

名师点评

我的点评

我的点评

像球一样的梨，是用人们丢弃在原野上的废物做成的，但是原料要比较精细些，为的是给蛴螬预备好食物。当它从卵里跑出来的时候，还不能自己寻找食物，所以母亲将它包在最适宜的食物里，它可以立刻大吃起来，不至于挨饿。

卵是被放在梨的比较狭窄的一端的。每个有生命的种子，无论植物或动物，都是需要空气的，就是鸟蛋的壳上也分布着无数个小孔。假如蜣螂的卵是在梨的最后部分，它就闷死了，因为这里的材料粘得很紧，还包有硬壳。所以母甲虫预备下一间精制透气的小空间，薄薄的墙壁，给它的小蛴螬居住。在它生命最初的时候，甚至在梨的中央，也有少许空气，当这些已经不够供给柔弱的小蛴螬消耗，它就到中央去吃食。这时，它已经很强壮，能够自己支配一些空气了。

当然，梨子大的一头，包上硬壳子，也是有充分的理由的。蜣螂的地穴是极热的，有时候温度竟达到沸点。这种食物经过三四个礼拜之后就会干燥，不能吃了。如果第一餐不是柔软的食物，而是石子一般硬得可怕的东西，这可怜的幼虫就会因为没有东西吃而饿死。在八月的时候，我就找到了许多这样的牺牲者，这苦东西被烤在一个封闭的炉内。要减少这种危险，母甲虫就拼命用它强健而肥胖的前臂，压那梨子的外层，把它压成保护的硬皮，如同栗子的硬壳，用以抵抗外面的热度。在酷热的暑天，管家会把面包摆在闭紧的锅里，

保持它的新鲜。而昆虫也有自己的方法，实现同样的目的：用压力打成锅子的样子来保藏家族的面包。

我曾经观察过甲虫在巢里工作，所以知道它是怎样做梨子的。

它收集完建筑用的材料后，就把自己关闭在地下，可以专心从事当前的任务。这材料大概是由两种方法得来的。照常例，在天然环境下，甲虫用常法搓成一个球推向适应的地点。当推行的时候，表面已稍微有些坚硬，并且粘上了一些泥土和细沙。在离收集材料很近的地方，可以寻找到用来储藏的场所，在这种情况下，它的工作不过是捆扎材料运进洞而已。后来的工作，却尤其显得稀奇。有一天，我见它把一块不成形的材料隐藏到地穴中去了。第二天，我到达它的工作场地时，发现这位艺术家正在工作，那块不成形的材料已成功地变成了一个梨，外形已经完全具备，而且做得很精致。

梨紧贴着地板的部分已经敷上了细沙，其余的部分也已磨得像玻璃一样光，这表明它还没有把梨子细细地滚过，不过是塑成形状罢了。

它塑造这只梨时，用大足轻轻敲击，如同先前在日光下塑造圆球一样。

在我自己的工作室里，用大口玻璃瓶装满泥土，为母甲虫做成人工的地穴，并留下一个小孔以便观察它的动作，因此它工作的各项程序我都可以看得见。

甲虫开始是做一个完整的球，然后环绕着梨做成一

阅读提示

将圣甲虫用硬壳储藏幼虫食物与管家用密封锅保鲜面包相类比，亲切而形象。

阅读提示

直接用“艺术家”借喻甲虫，表明作者对昆虫的尊重和热爱。

我的点评

名师点评

写作借鉴

细节描写生动具体，将甲虫塑造"梨"的过程展现得淋漓尽致，体现出了作者细致、严谨的科学精神。

道圆环，加上压力，直至圆环成为一条深沟，做成一个瓶颈似的样子。这样，球的一端就做出了一个凸起。在凸起的中央，再加压力，做成一个火山口，即凹穴，边缘是很厚的，凹穴渐深，边缘也渐薄，最后形成一个袋。它把袋的内部磨光，把卵产在当中，包袋的口上，即梨的尾端，再用一束纤维塞住。

用这样粗糙的塞子封口是有理由的，别的部分甲虫都用腿重重地拍过，只有这里不拍。因为卵的尾端朝着封口，假如塞子重压深入，蛴螬就会感到痛苦。所以甲虫把口塞住，却不把塞子撞下去。

我的点评

● **孵化**

甲虫在梨里面产卵约一个星期或十天之后，卵就孵化成蛴螬了，它毫不迟疑地开始吃四周的墙壁，它聪明异常，因为它总是朝厚的方向去吃，不致把梨弄出小孔，使自己从空隙里掉出去。不久它就变得很肥胖了，不过样子实在很难看，背上隆起，皮肤透明，假如你拿它来朝着光亮看，可以看见它的内部器官。如果是古代埃及人有机会看见这肥白的蛴螬，在这种发育的状态之下，他们是不会猜想到将来甲虫会具有的那些庄严和美观了。

写作借鉴

插入这句话与本篇开头相呼应，并使行文显得活泼。

当第一次脱皮时，这个小昆虫还未长成完美的甲虫，虽然全部甲虫的形状已经能辨别出来了。很少有昆

虫能比这个小动物更美丽，翼盘在中央，像折叠的宽阔领带，前臂位于头部之下。半透明的黄色如蜜的色彩，看来真如琥珀雕成的一般。它差不多有四个星期保持这个状态，到后来，再脱掉一层皮。

它的颜色是红白色，在变成檀木的黑色之前，它是要换好几回衣服的，颜色渐黑，硬度渐强，直到披上角质的甲胄，才是完全长成的甲虫。

这些时候，它是在地底下梨形的巢穴里居住着的。它很渴望冲开硬壳的甲巢，跑到日光里来。但它能否成功，是要依靠环境而定的。

它准备出来的时期，通常是在八月份。八月的天气照例是一年之中最干燥且最炎热的。所以，如果没有雨水来润一润泥土，要想冲开硬壳，打破墙壁，仅凭这只昆虫的力量是办不到的，它是没有法子打破这坚固的墙壁的。

当然，我也曾做过这种试验，将干硬壳放在一个盒子里，保持其干燥，或早或迟，听见盒子里有一种尖锐的摩擦声，这是囚徒用它们头上和前足的耙在那里刮墙壁，过了两三天，似乎并没有什么进展。

于是我加入一些助力给它们中的一对，用小刀戳开一个墙眼，但这两个小动物也并没有比其余的更有进步。

不到两星期，所有的壳内都沉寂了。于是我又拿了一些同从前一样硬的壳，用湿布裹起来，放在瓶里，用

名师点评

写作借鉴

外形描写简练、生动而形象。

我的点评

名师点评

我的点评

阅读提示

散文的笔调，人性的关怀，表现出作者对昆虫世界的热爱。

我的点评

木塞塞好，等湿气浸透，才将里面的潮布拿开，重新放到瓶子里。这次试验完全成功，壳被潮湿浸软后，遂被囚徒冲破。它勇敢地用腿支持身体，把背部当作一条杠杆，认准一点顶和撞，最后，墙壁破裂成碎片。在每次试验中，甲虫都能从中解放出来。

在天然环境下，这些壳在地下的时候，情形也是一样的。当土壤被八月的太阳烤干，硬得像砖头一样，这些昆虫要逃出牢狱，就不可能了。但偶尔下过一阵雨，硬壳回复从前的松软，它们再用腿挣扎，用背推撞，这样就能得到自由。

刚出来的时候，它并不关心食物。这时它最需要的，是享受日光，跑到太阳里，一动不动地取暖。

一会儿，它就要吃了。没有人教它，它也会做，像它的前辈一样，去做一个食物的球，也去掘一个储藏所，储藏食物，一点儿不用学习，它就完全会从事它的工作。

品读·理解

本篇介绍的蜣螂被古埃及人称作“神圣的甲虫”。它的工作是从土面上收集污物，很仔细地搓卷起来形成圆球，然后滚到它希望到达的地方。圣甲虫们具有很好的合作精神，并非总是单独地运送粪球，常常会给自己找个同伴。但有时不巧会碰到贼甲虫，它们会用很狡猾的手段，甚至施用武力来掠夺圣甲虫劳动成果。圣甲虫把一个个粪球运进它们挖掘好的洞穴后就开始在梨里面产卵，约一个星期或十天之后，卵就孵化成蛴螬。然后在一年中最干燥炎热的八月，小圣甲虫就会破壳而出，并开始日复一日地重复它们前辈的工作。

感悟·思考

1.蜣螂为什么被古埃及人称作“神圣的甲虫”？

2.文中所说蜣螂的梨子指的是什么？

第二十三章 萤火虫的魅力［精读］

写作借鉴

开篇从小孩子的视角为我们介绍萤火虫，说出它的魅力所在，为全篇营造出轻松愉快的氛围。

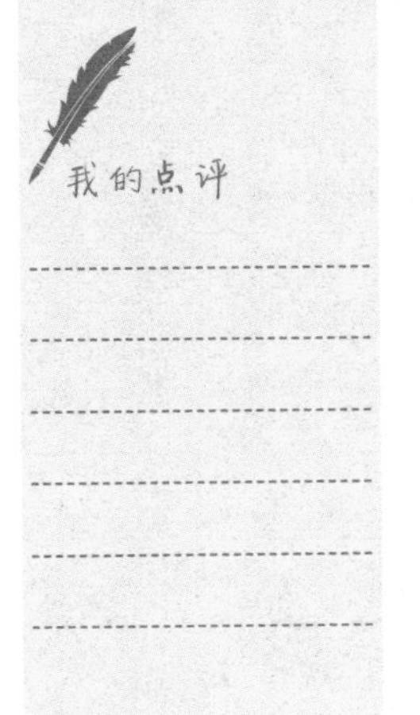

● 小灯

小孩子都非常喜欢萤火虫，因为萤火虫在漆黑的夜晚里能够发出幽深的光，就好像流动的星星。但是有的时候，小孩子却害怕它们的灯光。因为它们时常出没在坟墓附近，远远看去，它们的光点就像是鬼火一样恐怖。这就是萤火虫的魅力所在。

萤火虫这种稀奇的小动物的尾巴像挂了一盏灯笼似的，即便是我们不曾与它相识，至少从它的名字上，我们也多少对它有一些了解。古希腊人曾经把它叫作“亮尾巴”，这是很形象的一个名字。现代，科学家们则给它起了一个新的名字，叫作“萤火虫”。

萤火虫从外表上看，跟毛毛虫之类的完全不一样，它绝对不是蠕虫系列的昆虫。你看它有六只短足，喜欢用足走路，就像一位跋涉者。雄性萤火虫到了发育完全的时候，会生长出翅盖，像真的甲虫一样，不对，它就是甲虫类的。不过，雌性萤火虫的命运就要悲惨一些，它终生都处于幼虫的状态，也就是说处于一种没有变成成虫的形

态，好像永远也长不大。无论是哪种样子的萤火虫都是有衣服的。可以说，外皮就是它的衣服，它用自己的外皮来保护自己。而且，它的外皮还具有很丰富的颜色呢！它全身是黑棕色的，只是胸部有一些微红。在它身体的每一节的边沿部位，还装饰着一些粉红色的斑点。

萤火虫最引人注意的就是它身上的那一盏灯。雌性萤火虫的那个发光的器官，生长在它身体最后三节的位置。在前两节中的每一节下面发出光来，形成了宽宽的节形。而位于第三节的发光部位比前两节要小得多，只有两个小小的点，发出的光亮可以从背面透射出来，因而在这个小昆虫的背部和腹部都可以看见光。从这些宽带和小点上发出的光是微微带蓝色的、很明亮的光。

而雄性萤火虫则不一样，它与雌萤火虫相比，只有雌性那些灯中的小灯，也就是说，只有尾部最后一节处的两个小点。雄性萤火虫几乎从生下来就有这两个发光的小点了。此后，随着萤火虫的成长，发光点也随着身体的生长不断地长大。这两个小点无论在身体的背部，还是腹部，都可以看见，在萤火虫的一生中都不改变。但是雌萤火虫所特有的那两条宽带子则不同，它只能在下面发光。这是雄性和雌性的主要区别之一。

● 原理

最让人感兴趣的还是萤火虫身上的这两个点为什么

名师点评

阅读提示

作者观察力敏锐，色彩描写细致入微。

我的点评

写作借鉴

设问留有悬念，吸引读者阅读兴趣。

名师点评

我的点评

我的点评

会发光。我用放大镜看，在萤火虫身子后半部分的皮上，有一种白颜色的涂料，形成了很细很细的粒形物质。原来光就是发源于这个地方。在这些物质的附近更是分布着一种非常奇特的器官，它们都有枝干，上面还生长着很多细枝。这种枝干散布在发光物体上面，有时还深入其中。这些细枝连接着萤火虫的呼吸器官。

世界上有一些可燃的物质，当它和空气相混合以后，就会发生氧化作用，立即便会发出亮光，有的时候，甚至还会燃烧，产生火焰。在萤火虫的体内藏有很多这样的可燃物质，当萤火虫呼吸的时候，氧气就顺着细枝般的小管子进入到它的体内，氧化了可燃的物质，从而发出了微弱的光芒。这些物质燃烧殆尽时，就在身体表面形成了白色涂料的物质。

但是，另外有一个问题，我们是知道得比较详细的。我们清楚地知道，萤火虫完全有能力调节它随身携带的亮光。也就是说，它可以随意地将自己身上的光放亮一些，或者是调暗一些，或者是干脆熄灭它。

萤火虫不仅能够点亮身上的灯，而且还能自由地调节灯的亮度。当萤火虫身上的细管里面流入的空气量增加，身体获得的氧气会多一些，这样光亮度就变得强一些；如果阻止空气流入体内，光亮就会减弱甚至消失。这种本领不仅仅是为了表现自己的技艺高超，更重要的是能够应付外来的危险。

萤火虫点亮自己的灯，其实也就暴露了行踪。当它发现有危险靠近自己的时候，就可以通过减弱灯火或者熄灭灯光，让自己隐藏在漆黑的夜色中。这一点我深有体会。明明就在刚才，我清清楚楚地看见它在草丛里发光，并且飞旋着，但是，只要我的脚步稍微有一点儿不经意，发出一点儿声响，或者是我不知不觉地触动了旁边的一些枝条，那个光亮立刻就消失掉，这只昆虫自然也就不见了。

但奇怪的是，雌萤火虫没有调控光亮的能力，即便是受到了极大的惊吓与扰动，都不会产生多么大的影响。不信的话，你可以把一个雌萤火虫放在一个铁丝笼子里，空气是完全流通的。然后你可以任意制造噪音，就算是爆炸声也行。雌萤火虫好像聋子一样，什么都没有听见似的，光亮如故。你还可以给它泼水，结果一样，灯依然明亮。

不过有一种情况例外。如果你往笼子里面灌入烟气，光亮马上就减弱了。等到烟雾全部散去以后，那光亮便又像刚才一样明亮了。假如把它们拿在手掌上，然后轻轻地一捏，只要你捏得不是特别的重，那么，它们的光亮并不会减少很多。总之，到目前为止，我们根本就没有什么办法能让它们完全熄灭光亮。

如果我们从它发光的地方割下一片皮来，把它放在玻璃瓶或管子里面，虽然并没有像在活着的萤火虫身体上那么明亮耀眼，但是，它也还是能够从容地发出亮光的。因为，对于发光的物质而言，是并不需要什么生命来支持的，只要有氧气就可以。于是我们可以推断，即

名师点评

写作借鉴

通过描写自己的亲身体会，印证了对萤火虫发光原理的叙述，令人信服。

我的点评

便连接呼吸器官的细枝不再输送氧气，即便是在水中，萤火虫身上的这层外皮同样都会发光。

萤火虫发出来的光是白色的，非常柔和而且幽静，没有一点儿刺激感，就像星星的光华被这只小小的昆虫给收集起来了一样。让我们怀疑天上的星星原本就是无数萤火虫在那里睡眠。

萤火虫的一生都是“光耀门楣”的，从卵开始，到幼虫，到成虫，再到死亡，总是发着光。它们永远为自己留一盏希望的灯。

名师点评

写作借鉴

饱含深情的结尾升华了主题，也给读者留下了无尽遐想。

品读·理解

萤火虫属于甲虫类，它有六只短足，喜欢用足走路。雄性萤火虫到了发育完全的时候，会生长出翅盖，像真的甲虫一样。不过，雌性萤火虫的命运就要悲惨一些。它终生都处于幼虫的状态。萤火虫最引人注意的就是它身上的那一盏灯，也就是它的发光器官。但雌雄萤火虫的发光器在生长位置、数目、亮度及能否自由调节上都有所区别。萤火虫的一生都是“光耀门楣”的，从卵开始，到幼虫，到成虫，再到死亡，总是发着光。它们永远为自己留一盏希望的灯。

感悟·思考

1.萤火虫的魅力体现在什么地方？

2.雄性和雌性萤火虫在发光方面有什么区别？

考点集萃

走近作者

亨利·法布尔（1823—1915年），法国著名的科普作家和昆虫学家。法布尔出生于法国南部鲁那格山区一个贫苦农民家庭，童年是在山间与花鸟虫草一起度过的。法布尔自幼家境贫寒，曾经流浪街头，靠卖汽水、做零工等挣钱度日。经过刻苦的自学，他先后取得数学、物理、博物学学士学位。在31岁时获得了自然科学博士学位。

1857年，他的处女作《节腹泥蜂习俗观察记》发表，修正了当时昆虫界权威列翁·杜福尔的错误观点，因此获得法兰西研究院的实验生理学奖。达尔文在两年后出版的《物种起源》中称赞他为“无与伦比的观察家”。

法布尔的职业是教师，但他从没间断过对大自然尤其是昆虫的研究。在法布尔生活的那个时代，昆虫学家的研究仅限于观察昆虫的器官、昆虫生命的重要特征——本能与习性等等，根本登不了昆虫学的大雅之堂。法布尔挑战传统，首开在自然环境中研究昆虫的先例，深入昆虫的生活，呕心沥血，终于从“荒石园”中捧出了一部浩瀚巨著《昆虫记》。这部以散文形式记录下来的著作还收录了一些记载作者研究动因、生平抱负、知识背景、回忆往事的传记性文章，共10卷220余篇文章，洋洋洒洒二百万字。

自1879年《昆虫记》第一卷问世，直到1910年《昆虫记》十卷全部出齐，历时30多年。法布尔矢志不移，终于取得巨大成功。1910年，布罗班斯诗人米斯托拉呼吁把《昆虫记》第一卷发行日4月3日定为“法布尔日”，

《昆虫记》从此扬名于世，先后被译成60多种文字，被人们称为“昆虫的史诗”。法布尔也被人们赞誉为“昆虫荷马”“昆虫世界的维吉尔”“动物心理学的倡导人”。

1915年，92岁的法布尔在他钟爱的昆虫的陪伴下，静静长眠于荒石园。

艺术魅力

《昆虫记》堪称科学与文学完美结合的典范。它不仅是一部研究昆虫的科学巨著，同时也是一部讴歌生命的宏伟诗篇。下面，我们就来分析一下这部巨著的艺术特色。

一、观察细致，资料翔实

法布尔对昆虫的观察可以说十分细微，文中处处有他自己的新发现。比如他观察蛛丝，居然看出细细的蛛丝“是由几根更细的线缠合而成的，好像大将军剑柄上的链条一般。更使人惊异的是，这种线还是空心的，空的地方藏着极为浓厚的黏液”。这种观察力让人吃惊。再如，为了弄清蜘蛛如何判断蛛网上猎物的真假，他亲自做实验，把死蝗虫放在蛛网上进行观察。法布尔为了证明自己的观点，一定要找出充分翔实的资料和证据。比如，为了说明自然界中处处体现数学法则，他举出很多例子，植物花瓣和小蕊的排列、蜗牛的螺线、蛛网的结构等，资料翔实，论证严密。《昆虫记》不愧是科学性与文学性完美统一的科学小品文。

二、文笔优美，引人入胜

法布尔的优美文笔，亲切而又令人神往。他遣词造句的本事很高，没有一般文人好夸张、好雕饰的文风。例如对荒石园音乐会的描写就很有小说的味道，在他笔下，各类昆虫都是身怀绝技的音乐家，它们身上的发声器官被形象地描绘成各种乐器。铃蟾是奏鸣曲的敲钟者，意大利蟋蟀拨动小提琴E弦，绿蝈蝈儿的乐器是带刮板的小扬琴。这样的比喻太有趣了！一旦你走进他那奇异的昆虫世界，就会发现没有哪个昆虫学家有他那么高的文学修养，没有哪个文学家有他那么高的昆虫学造诣，他将科学与文学完美地结合在了一起。

三、语言冷静，不乏幽默

《昆虫记》的语言异常清静、朴实，没有一点儿矫情做作，并且还不乏幽默。例如法布尔在讲他早年做科学实验时出了个小事故，“以后我每做一种实验，总是让我的学生们离开远一点儿”，语言就透着风趣。有时候你看到他笔下的虫子，会心生爱怜，它们比人要简单，而它们的生活比人的生活要随意，不用买衣服就有各种奇装异服，不用做饭到处都是美味可口的佳肴，这样的自在让法布尔过起了离群索居的日子，一心与虫子为伍，他给自己的昆虫研究所取名为“荒石园”。在其朴素的笔下，一部严肃的学术著作如优美的散文，人们不仅能从中获得知识和思想，同时也获得了文学美感的体验。

四、关爱生命，充满感情

法布尔的笔触饱含感情，在他的心中充满了对生命的关爱和对自然万物的赞美。在别人听来是昆虫单调的叫声，但法布尔却听出了音乐的节拍和韵律，善于从自然中发现美。他以人性观照虫性，对待昆虫像对待朋友一样，对昆虫的本能、习性、劳动、婚恋、繁衍和死亡无不渗透着人文关怀。虫子的世界使他忘却了现实中的失意、不被人理解以及贫穷，在对虫子的爱与关心中他觉得自己活着是快乐的。于是他为虫子的每次蜕变而惊喜，为虫子们的精湛技艺而赞叹，也为虫子的不幸遭遇而惋惜。他的悲欢与虫类紧紧相连。法布尔又以虫性反观社会人生，书中处处闪耀着智慧的光芒。

有评论说：“法布尔的《昆虫记》是一般文学家无法企及的，因为它有着严谨的科学依据。法布尔的《昆虫记》又是一般科学家无法企及的，因为它有着让文学家也拍案叫绝的形象和生动。”正是兼具了科学家的理性与冷静和文学家的感性与激情，法布尔才成为昆虫世界里的一名最佳导游，把人们导向一个生动有趣的昆虫世界，《昆虫记》也才成为震撼科学界和文学界的巨著而深受世界人民的喜爱并经久不衰。

读后感

每个生命都是平等的

——读《昆虫记》有感

浙江省绍兴市第一中学魏敏芝

法国昆虫学家法布尔花费了十多年时间写成的巨著《昆虫记》，是一本讲昆虫的书，知识非常丰富，语言特别有趣，读起来特别过瘾。

地球上的每一个生命，无论强大还是柔弱，都应该得到平等的尊重。昆虫，自古以来就与我们生活在一起，生活在这个地球上，可我们却很少关注过它们。因为它们的生命是那么弱小，那么卑微，那么微不足道。读了这本书，我深受感动，原来众生平等，每种生物都有自己的精彩，甚至远远超过了我们人类。

昆虫和我们人类一样，也在不断地说着话，唱着歌，跳着舞，在属于它们的乐园里生活。在城市或田野中行走时，一座被遗忘的花坛，或是一段尚未整修的河堤……也许都有它们的身影。或许连草根底下也会成为它们的乐园。

你听，瑟瑟演奏的螽斯，尽兴弹琴的蟋蟀，狂热唱歌的蝉儿。你看，雪地忙忙碌碌的瓢虫，优雅翻飞的蝴蝶，身影矫健的蜻蜓，它们不是都显得很快乐吗？

在这个动物王国中，一汪水洼可以养育许多蜻蜓或是蚊子幼虫，一滴露珠就能滋润一只小甲虫，一块石头下的缝隙就能为一对蟋蟀提供一个安乐的家。昆虫无处不在地谱写着或艰辛或顺利的生存的故事。只是我们平时没有注意它们的笑声和窃窃私语，忽视了它们的舞蹈罢了。

这些小小的昆虫，我们难道不应该去观察、发现它们吗？只要你仔细地观察，它将给你带来无穷的快乐。

夏天生活在树上的蝉儿，你或许会对它喋喋不休的歌声厌烦。但是你知道蝉的一生吗？蝉，经过四年黑暗的苦工，才换得一月日光中的享乐，这就是蝉的生活，我们真的不应该厌恶它歌声中的烦躁浮夸。因为它掘土四年，现在忽然穿起漂亮的衣服，长起美丽的翅膀，能在温暖的日光中沐浴。那钹的声音能高到足以歌颂它的快乐如此难得，而又如此短暂。

昆虫也是地球生物链上不可缺少的一环，昆虫的生命也应当得到尊重。地球不应当被人类霸占，人类并不是一个孤立的存在。地球上的所有生命，包括蜘蛛、黄蜂、象鼻虫在内，都在同一个紧密联系的系统之中。

读罢《昆虫记》，我才真正感悟到生命是平等的。

真题模拟　直击考点

一、填空题

1.蟋蟀它之所以如此名声在外，主要是因为它的____________，还有它出色的____________。

2.________并不靠别人生活。它从不到蚂蚁门前去求食，相反的倒是________为饥饿所驱乞求哀恳这位歌唱家。

3.事实与寓言相反，__________是__________的乞丐，而________的生产者是____________。

4.在南方有一种昆虫，与____________一样，能引起人的兴趣。但不怎么出名，因为它不能__________，它是________________。

5.螳螂凶猛如________，________如妖魔，专食________的动物。

6.螳螂外表________而________，________的体色，________的长翼，颈部________，________可以向任何方向自由________。

7.______这种稀奇的小动物的________上像挂了一盏________似的。

8.萤火虫生长着__________短短的__________，当雄萤发育成熟，会生出________，像________一样。

9.萤火虫有两个特点：__________________，__________________。

10.孔雀蛾是一种________的蛾，它们中________的来自________，全身披着________的绒毛，它们靠吃________为生。

11.会结网的______________是个______________高手。

12.一种黑色蜘蛛，叫____________________。

二、选择题

1.昆虫记共有（　　）。

A.八卷　　B.九卷

C.十卷　　D.十一卷

2.法布尔被誉为（　　）。

A.昆虫界的荷马　　B.昆虫界的圣人

C.昆虫至圣　　D.昆虫界的托尔斯泰

3.昆虫记是一部（　　）。

A.文学巨著、科学百科　　B.文学巨著

C.科学百科　　D.优秀小说

4.法布尔为写昆虫记（　　）。

A.调查了许多资料　　B.翻阅了许多百科全书

C.养了许多虫子　　D.一生都在观察虫子

5.法布尔的昆虫记曾获得（　　）。

A.普利策奖　　B.诺贝尔奖提名

C.安徒生奖　　D.诺贝尔奖

6.《昆虫记》是（　　）国昆虫学家（　　）的杰作，记录了他对昆虫的观察和回忆。

A.法国　法布尔　　B.法国　儒勒·凡尔纳

C.英国　笛福　　D.丹麦　安徒生

7.法布尔曾担任（　　）。

A.皇家科学院会员　　B.植物学教授

C.物理教师　　D.探测员

8.塔蓝图拉蜘蛛易于（　　）。

A.暴躁　　B.愤怒

C.杀死　　D.驯服

9.法布尔的生活十分（　　）。

A.贫穷　　B.富裕

C.忙碌　　D.悠闲

10.昆虫记透过昆虫世界折射出（　　）。

A.历史　　B.社会机制

C.社会人生

11.菜豆象是一种（　　）。

A.大象　　B.昆虫

C.鸟类

12.舍腰蜂喜欢将巢筑在（　　）的环境中。

A.干燥　　B.寒冷

C.温暖

13.夏天阳光下的歌唱家是（　　）。

A.蝉　　B.蟋蟀

C.蝈蝈

14.（　　）是毛虫的天敌。

A.黑步甲　　B.金步甲

C.被管虫

15.天生攀岩家是（　　）。

A.狼蛛　　B.蜣螂

C.蚱蜢

三、判断题。对下面的判断，对的打勾（√），错的打差（×）。（勾、差均用符号表示。）

1.萤有两个最有意思的特点：一是获取食物的方法，另一个是它尾巴上有灯。（　　）

2.从生到死，萤火虫都是发着亮光的，甚至连它的卵也是发光的。（　　）

3.萤火虫的俘虏对象主要是蜗牛，捕捉俘虏时，马上把它刺死。（　　）

4.萤火虫吃蜗牛时，先把蜗牛分割成一块一块，再咀嚼品味。（　　）

5.雌性萤火虫和雄性萤火虫发光的器官生长在同一位置。（　　）

6.孔雀蛾是一种长得很漂亮的蛾，靠吃杏叶为生。（　　）

7.《昆虫记》中“两种稀奇的蚱猛”是指恩布沙和白面孔螽斯。（　　）

8.四年黑暗的苦工，一月日光中的享乐，这就是蝉的生活。（　　）

9.如果你发现丁香花或玫瑰花叶子上有一些精致的小洞，这是樵叶蜂剪下了小叶片。（　　）

10.有一种外貌漂亮而内心奸恶的虫子，它的身上穿着金青色的外衣，腹部缠着“青铜”和“黄金”织成的袍子，尾部系着一条蓝色的丝带，它的名字叫金蜂。（　　）

11.黄蜂的幼蜂无论是睡觉还是饮食，都是脑袋朝下生长的，即倒挂着。（　　）

12.条纹蜘蛛是因为它身体上有黄、黑、银色相间的条纹，因此得名。（　　）

13.条纹蜘蛛会自己选择或主动出击捕捉猎物。（　　）

14.小条纹蜘蛛在外面逐渐变成为成年蜘蛛的。（　　）

15.母狼蛛背着小蛛们活动，至少要经过几个星期。（ ）

四、简答题

1.你对法布尔有哪些了解？从他身上你学到了什么？法布尔给自己的实验室起了什么名字？

______

______

______

2.主要作品是什么？

______

______

______

3.你喜欢《昆虫记》吗？说一说自己的理由。

______

______

______

4.简述《昆虫记》的思想内容。

______

______

______

参考答案

一、填空题

1.住所　歌唱才华

2.蝉　蚂蚁

3.蚂蚁　顽强　勤奋　蝉

4.蝉　唱歌　螳螂

5.饿虎　残忍　活

6.纤细　优雅　淡绿色　轻薄如纱　柔软　头　转动

7.萤　尾巴　灯

8.六只　腿　翅盖　甲虫

9.获取食物的方法　它尾巴上有灯

10.很漂亮　最大　欧洲　红棕色　杏叶

11.蜘蛛　纺织

12.美洲狼蛛

二、选择题

1.C　2.A　3.A　4.D　5.B

6.A　7. C　8.D　9. A　10.C

11. B　12.C　13.A　14.B　15.B

三、判断题

1.√　2.√　3. ×　4. ×　5. ×

6.√　　7.√　　8.√　　9.√　　10.√

11.√　　12.√　　13. ×　　14. ×　　15. ×

四、简答题

1. 答：法布尔，原名让·亨利·卡西米尔·法布尔，法国昆虫学家，动物行为学家，文学家。被世人称为“昆虫界的荷马，昆虫界的维吉尔”。

我从他身上学到了要善于观察，做事坚持不解，而且要像他一样地热爱大自然。法布尔给自己的实验室起了一个“荒石园”的名字。

2. 答：透过昆虫世界折射出社会人生，昆虫的本能、习性、劳动、婚恋、繁衍和死亡，无不渗透着作者对人类的思考，睿智的哲思跃然纸上。全书充满了对生命的关爱之情，充满了对自然万物的赞美之情。(便是第一题填空题)

3. 答：我喜欢。因为《昆虫记》是优秀的科普著作，也是公认的文学经典，它行文生动活泼，语调轻松诙谐，充满了盎然的情趣。

4. 略。